宮脇 昭

人類最後の日

生き延びるために、自然の再生を

藤原書店

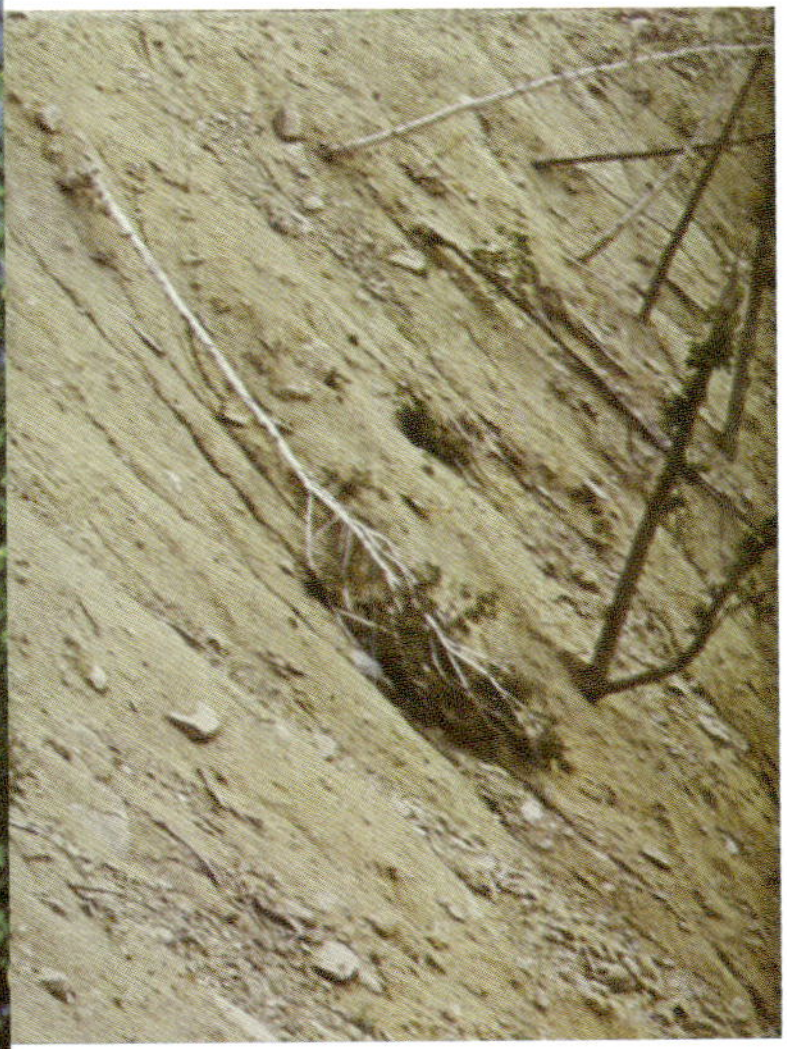

〈上〉
人間は、大切な共存者である緑の自然を、無惨に破壊しつづけている。
(乗鞍岳山麓)

〈左〉
このような都市のケヤキは、本来のサイクルとは逆に夏に落葉し、秋にふたたび若葉を芽生えさせる。人間の生命が重大な危機に立たされていることを、はっきり示している。(左の木はついに二度目の芽を出さなかったケヤキ)
(東京の神田駿河台で、1971年10月撮影)

大都市の空をおおうスモッグ

〈右〉

尾瀬の湿原は極端に弱い自然だ。ハイカーが無神経に踏み荒し破壊したところは、復元がほとんど不可能である

〈下〉
兵庫県の六甲山地。ここは花崗岩を主体とした砂の微粒子からなっており、自然が長い年月をかけてやっとアカマツやコナラを育てた土地だ。こんなところをけずって宅地を造っても、樹木は育たず、山くずれの危険が大きい

姫路市白浜の工場地帯につくられたグリーンベルト。植物社会と環境の秩序を無視したため失敗した典型的な例である

〈上〉
イチイガシ林。これは、本州中部以西の平地、低地に残された貴重な常緑広葉樹林だ。（伊勢志摩国立公園の中にある伊雑宮の神社林）

〈左〉

乗鞍岳の高木限界付近（海抜1600m前後）。こういう自然は、いつまでも大切に残したいものだ。（後方は八ヶ岳）

日本の代表的夏緑広葉樹のブナ林（岩手県八幡平、海抜700m）。ブナは山地の立地条件のよい自然環境では、競争力がもっとも強い。しかし一度伐採されると復元がむずかしい。最近、伐採や観光開発によって急速に消滅しはじめている。（1971年）

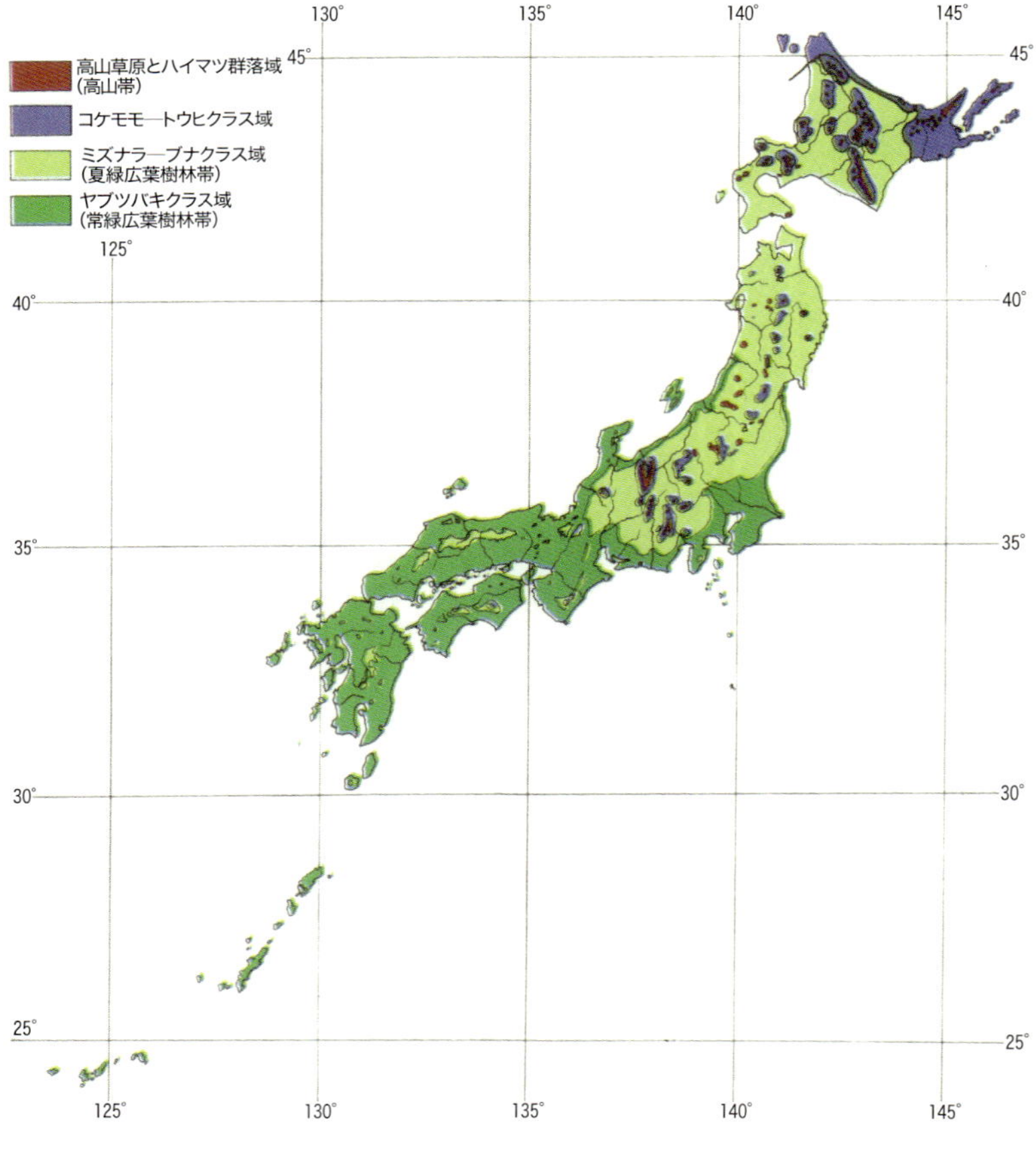

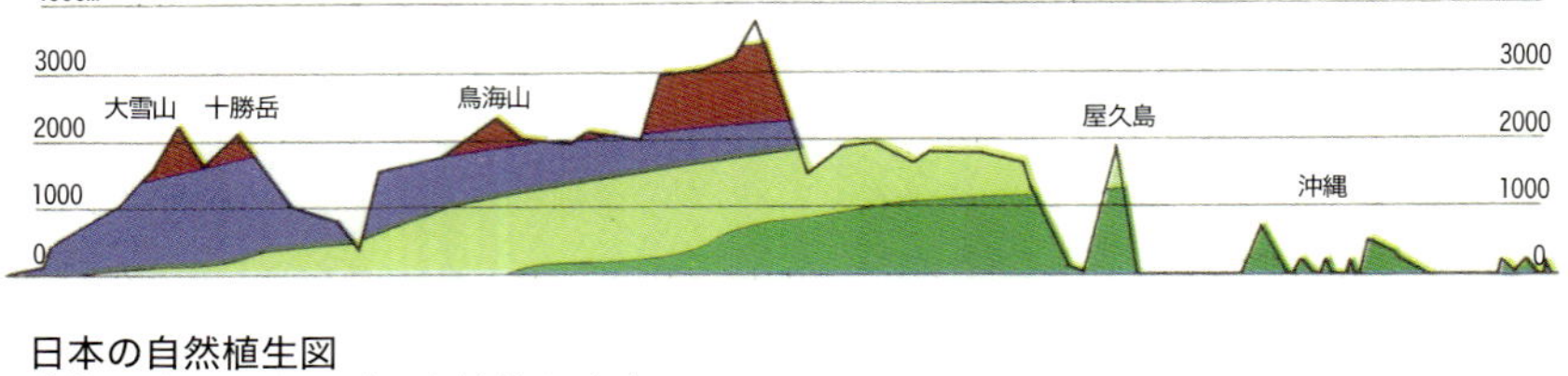

日本の自然植生図

土地によってさまざまな植物が生育しているが、それぞれの土地の性質や現在生育している（あるいは潜在的に生育する可能性のある）植生から、日本の植物の生育域は、だいたい上の4つのクラスに大別することができる。（宮脇昭、1966）

もっとも大切なのはいのちを守ること——二十一世紀の読者へ

本書は約四十年前、私が四十代の時に、具体的に日本列島各地のそれまでの現地植生調査結果や、当時のさまざまな情報を入れてまとめた、少年、少女を中心とした読者のみなさんに向けて書いた小著の新版です。「このまま進めば人類生存の危機につながる」という危機感をもって、当時の日々の現象、各地の植物、植生を現地調査しながらまとめたものです。

今読めば、かなりヒステリックに書いているようにも思えるかもしれません。「公害なんかとうの昔に消えてなくなったじゃないか、克服したじゃないか」と思われるかもしれません。個別の対応を見れば、確かにそうです。しかも、今私たちは、四十年前にくらべて、より快適な人工環境の中で、食べ物も、エネルギーも、さらに情報技術、産業などの急速な発展により、日々の生活ははるかに、予想以上に物質的にはめぐまれています。

しかしその反面、地球規模での大気汚染、また海流の変動、風の変動、大気の変動などで、今までの予測をも越えたような気候変動、温暖化をはじめ、地域から地球全体に及ぶような、さまざまな不幸な自然災害が起きています。これらの多くは予測もできなかった変化です。しかし、予測と言いますが、それはほんの限られた時間での、限られた地域での計測・予測であって、地球ができてから四十六億年、生命が生まれてから四十億年、人類が出現してから五百万年の歴史に比べれば、ほんの瞬間的です。したがって、個々の対応はできても、トータルとしては、残念ながら私たちの視野からはずれているような気がしてなりません。

　生物社会では、その地域の生存環境がだめになる時に、一番最初に責任をとらされるのは、その集団のトップです。「わずか四十年で、公害の元凶のようにいわれた日本が、けっこう立派になっているじゃないか」と皆さんは思うかもしれない。しかし、このまま「まだ足りない」と思って進めば、いったい何があるのでしょうか。いろんな未来像が描かれていますが、私たちがより豊かな生活をしようと科学・技術を発展させ、善意で新しいものをつくり、新しい生き方をしようと情報技術を発展させ、海の底まで、平地から山の上まで、南極・北極もふくめて、空間的には地上のほとんどすべての地域を切り開き、さらに今後人間の希望・欲望に沿ったあらゆる資源を掘り起こし、自然を搾取し続けたら？　また、新しく化学的に分析し、さまざまな化合物をつくり続けたり、あるいはバイオシステムによって、今まで畑や水田でしかできなかった野菜なども、ソーラーシステムその他で土壌から絶縁して、虫の一切食わないいわゆる清浄な食べもの、野菜なども純粋栽培できて、本当にすばらしく発展していったなら？

何度も言うように、現在の日本をはじめ世界各地に見られる自然の、地域から地球規模につながるエコシステムの許容限度を超えたような人間活動に対する「自然の揺り戻し」ともいわれる各種の自然災害や、それにともなう地域住民のいのちを奪うようなさまざまな現象には、個別の対応だけではだめで、トータルとして対応しなければいけないのです。

もっとも大事な、かけがえのないものは、生命《いのち》です。今、私たちの住んでいる個々の各地から、地球規模でも、毎日のようにさまざまな自然災害が起こっています。また人間の英知を結集したどんな技術も、必ずリスクをともないます。自動車産業は非常に発達しているけれども、交通事故の死者を一人もなくすることは、ほとんど不可能なのです。多少の犠牲はあってもいいという考え方もあるかもしれません。しかし、その多少の中にあなたが入ったらどうしますか？　みんなが健全に生き延びていかなくてはいけないのです。

私たちは、もう一度過去をふり返り、そしてトータルとして、まちがいのない未来のために、積極的に対応しなければなりません。

夢にも見なかった豊かな現在

君たちは今、五百万年の人類の歴史の中で夢にも見なかったほど、モノも金もエネルギーも食べ物も、日本はもちろん、途上国といわれた国々も、刹那的な意味では満たされており、産業も経済も発展しています。

行政も企業も、各種団体、そして家庭の一人一人も、一生懸命、その日その日のこと、そして来年、再来年のことに対しては、本当にがんばっています。このような一人一人の力は、まだ不十分な点もありますし、いろいろと不満を言っている人もいるかもしれませんが、すばらしいものです。

かつて第二次大戦後、廃墟の中の焼け野原から、君たちの先輩は夢中になってがんばってきました。今や物質的には、特にハードの面では戦勝国に劣らないほど、あるいはそれ以上に発展してきたのです。地球上の長いいのちの歴史の、最後の幕間にやっと間に合って出てきた人類が、今の情報・通信、科学・技術、食べ物から、あらゆる娯楽、旅行も、移動の速度も……すべてが夢にも見なかったほど発達し、繁栄しています。科学・技術の発展によって、刹那的にはすばらしい毎日をすごしています。欲の止まらないわれわれ人間は、「まだ不十分、まだ足りない」といってあがいていますが、ほとんどすべてが自由にできています。

当然、その結果として、さまざまな自然破壊や公害の問題が出てきました。四十年前の日本では、開発・発展の先進国であると同時に、不幸な水俣病が世界に知られているように、人のいのちや健康を害する公害の問題、また自然破壊の問題など、さまざまのいのちと国土を荒廃させる問題が起きてしまいました。このままいけば日本は、そしてそのようなことが地球規模で行われれば世界が、だめになるのではないかと考えた人たちも多かったと思います。

それでも、君たちの先輩は、都市化や経済・産業・交通施設の発展などで生じてきた、いのち、健康を害するいわゆる「公害問題」にたいしても、個別的には一生懸命対応してきました。

しかし、私たちがいくら善意であっても、人間のことだけ、地域の、自分たちの集団のことだけを考えていては危険です。たとえ善意であっても、このままでは、さまざまな問題がどんどんひどくなるはずです。外では「自然の揺り戻し」ともいえるような度重なる自然災害が起こるでしょう。また中では、例えば、当時は死神にとりつかれたと言われていたほど多く若者のいのちを奪った結核は克服できました。だからわれわれの現代の科学・技術、医学、すべてのものが、現在国際的に深刻に対応に苦慮しているエボラ病原菌に対しても、「そのうち何とかなる」と多くの市民は内心思っているかもしれません。

君たちは今、あらゆる情報の集中のなかで、すべてのことを知り、すべてのことができるような気持ちで進んでいます。そしてそれは、ただ今のことです。また長期的な計画といってもせいぜい二年、三年、五年、十年単位のものでしょう。三十年、四十年先のことでさえ、理念的には言われても、現実にはおそらく政府も各企業も、そして私たちの家庭でも、一部の方は除いて、あまり現実には考えていないと思います。しかし、これから四十年、五十年先は、本当のところ、いったいどうなるのでしょうか？　起こりうることに対して、どうしたらよいのでしょうか？

進化の歴史は、絶滅の歴史だった

私たちは、個別のことに対しては、人間しか持っていない知恵、技術、科学によって、いのちにたいしては医学によって、一つずつ克服してきました。

当時、四日市ぜんそく、有機水銀などの猛毒物質を排出して起こった水俣病、あるいは川崎の大気汚染などが現実に起こり、もっとも大事ないのちを失ったり、不治のいわゆる公害病により苦しめられたことは、今では忘れられています。君たちはそんなことを聞かされても「それは昔のこと。今は違う」と思うかもしれません。しかし、四十年というのは、長くて短い。私の生涯を見ても、経ってしまえば本当にあっという間です。一日一日をいかに大事に生きるかということと同時に、私たちの個体の生命は限られていることを、正しく認識すべきです。

しかし、幸いにも生物は、数ある星の中でもたった一つ、地球という小さな星に、まさに科学的な偶然、そして必然性によって、四十億年前に生まれたのです。その細いいのちの糸、遺伝子・DNAが、現在まで続いてきたからこそ、今、私も君たちも生きているのです。

「進化」という言葉は、ダーウィンの「進化論」と共に、だれでも知っている言葉です。しかし、すでに一部の人が警告を発しているように、「地球の進化の歴史は、絶滅の歴史であった」

ともいえるのです。マンモスや恐竜などの多くの例を見るまでもなく、今まで地球上でもっとも発達した、猛威をふるった生きものはすべて絶滅している事実を見れば、「九八パーセントは絶滅の歴史である」といわれているのです。

われわれ人類は、地球のはるかなるいのちの歴史の最後の幕間——五百万年から六百万年前に誕生したといわれています。しかもその時間の大部分は、他の生き物と同様に、森の中や周りで猛獣におののきながら木の実を拾ったり、野草を摘んだり、川の小魚、海岸の貝を拾って生き延びてきたのです。

歴史を顧みて、未来を展望できる人類の力

ところが幸か不幸か——もちろん幸いではありますが——、人間は両足で立ち、両手が自由に使えるようになったのです。しかしそこまでは、他の類人猿とあまり違わないかもしれない。一つの大きな違いは、生物学的には異常といってもよいくらい、大脳皮質が非常に発達して、個々に見たり、さわったり、つかんだりしたものを記憶し、総合して、そして過去の歴史を顧みて、未来に対して展望し、計画し、生き延びるすべを知っていることです。そのはずです。

しかし、それがあまりにも近視眼的であったのではないでしょうか？　現在課題であるようなさまざまな問題、もっとも醜い人間同士の争いはもちろんですが、「これくらいは大丈夫だ

ろう」と思ってやってきた経済や産業の発展、自然の開発によって、今や、地域（ローカル）から地球規模（グローバル）におよんで、消費者の立場で生かされている私たち人間も含めた生態系・エコシステムの枠を越えるようなさまざまな問題が出てきているではありませんか。

かつて地球上の生物社会や生物圏には存在しなかった放射能のような、新しい化学物質を見出して把握し、それを私たちの今の生活にプラスになるように努力してはいます。しかしその結果はどうでしょうか？　プラスだけではなく、さまざまな不幸なマイナス面が取りざたされています。

すべては、人間しかもっていない発達した大脳皮質による思考能力、記憶力、総合能力、いわゆる知識を駆使した成果です。これが地球の王者としてもっとも大事な武器であることは事実です。しかしその武器は、ローカルからさらにグローバルに広がっていく。大きくなりすぎて絶滅したマンモスの例を見るまでもなく、それぞれの地域の生態系のシステムを越えるような形になっても、同じように便利な武器としてだけ活用することができるのでしょうか？

それが、限られた期間においては、そして個別的には、ある意味で見事に対応したことは、四十年の歴史を見てもはっきりしています。しかし、やればやるほど、まさに虹の根元を求めるように、次から次へと、内面的から外面的なさまざまな問題――いのちや、それを支える生存環境の破綻につながるような深刻な問題が出てきているではありませんか。

個別の、いわゆる有機水銀や空中に放出される硫黄酸化物の問題その他は、確かに見事に克服できています。しかし、そのような個別の対応だけで、地球規模のトータルな大気や水、さらに大地、海洋をコントロールすることは、今の科学・技術ではきわめて困難です。

われわれは基本的には善意で、みんなまじめに一生懸命働いて、自分のため、地域のため、社会のため、国のため、あるいは人類のためをめざしているはずです。しかし、トータルで見れば、その結果はどうだろうか。われわれが、未来にわたって生きのびるためには、どうしたらよいのでしょうか？

もっとも大切なのは、いのちを守ること

本書の旧版が四十二年前に出版されたときは、大変なショックを識者に与えたようです。〝死んだ材料〟を使った技術は、五年で古くなります。しかし、それではすみません。いのちは四十億年続いているのです。

私たちが今、未来に残すことのできるものは、大事な、しかしいのちに対しては紙切れにすぎない、目先の札束や株券だけではないはずです。君たちの心も体も、また社会も国家も、未来に向かってすべての人が健全に生活し、豊かな人生を送るためには、生物社会では、ありすぎることも時には必要かもしれませんが、実はむしろ危険なのです。「生物社会では、最高条

件と最適条件は異なる」のです。もしみなさんが、地位も名誉も財産も最高条件にいる時は、十分慎重になさい。あとは破綻しかありませんよ。エコロジカルに長持ちする最適条件とは、生理的欲望がすべては満足できない、いわゆる最高条件の少し前の、少しがまんさせられている条件・状態が、何があっても生き延びられるエコロジカルな最適・最高条件であります。社会も国家も、同じではないでしょうか？

生物としてもっとも大事なことは、いのちを守ることです。いのちをつなぐＤＮＡ、遺伝子です。あなたの、あなたの家族の、日本人の、人類の遺伝子を未来につなぐことです。その一里塚として今を生かされている私たちが、限られた地域で、日本で、地球で生き延びるためには、今後もいろいろと新しい産業計画、都市計画、自然の利用計画、また生物的生産性を高めるなど、さまざまな、部分的には本当にすばらしい研究、そして成果があります。

人類は倍々ゲームで、今や地上の人口は七十二億人を突破しています。このままいけば、どうなるでしょうか。私たちの日々の日常生活にたいしては、本当に日進月歩です。このような個々の願望、欲望、課題だけを追っていったら、トータルとしては、時間と空間の両面から一つのゆるやかなクローズドシステムを形成している私たち人間の家庭も社会も、地域も、日本も、アジアも、そして世界の未来は、いったいどうなるでしょうか？

今後は、これまでのような個別的な公害の問題よりも、むしろより深刻で、より対応の困難な、ローカルからグローバルの問題が起きてくるでしょう。これは、下手をすれば大量死をともないます。地震、火事、津波、竜巻、台風、ハリケーン、洪水など、枚挙に暇がありません。また、増え続ける世界人口に対応するために、バイオテクノロジーによる遺伝子・DNAの組み換え技術や、品種改良などで、ある一つの作物がなくなったり、あるいは善意で行った食品などへのさまざまな添加物や補助剤などが、生物濃縮や蓄積などによって影響をおよぼし、数世代先にはいったいどのような子供が生まれてくるでしょうか。

命取りになるような、今まで想像もできなかったような、より耐性の強い病原菌が出てきて、あっという間にだめになる危険性もあります。また、今までは個別的に起きていた地震や津波、台風、洪水が、地球規模で広域に、同時に起こる可能性もある。つまり、今の科学・技術の発展によって、生産や生活の規模をそのまま拡大すれば――その日のことだけ考えて遮二無二進めた場合、トータルとしてどのような人類の悲劇を、人間も含めた生態系破綻の悲劇をもたらすかわかりません。

ですから、何が起きても破綻しない、より確実に今日と明日を生きのび、健全な発展を期するために、過去をふまえて、どこでも誰でもできることを、前向きに進めていくべきではないでしょうか？　そのために、ぜひ四十年前に私がこれだけのことを考え、私たちが成果をあげてきたことを、本書で読みとってほしいのです。

たしかに個別的な対応には成功したけれども、トータルとしては依然として同じことをくり返している。そしてまた、物質的にはうまく進んできたけれども、心の問題、いのちの問題にたいしては、まだまだ不十分です。

今大事なことは、冷静に過去の事実を十分に見なおし、知識の基盤とし、そして現在、さらに明日のため、これから五十年、百年、千年、次の氷河期がくる九千年間は、少なくとももつような生き方を考えることです。私たちの遺伝子を、個体の交替はあっても、DNAとしては続けていけるような、そういう母胎としての、ほんものの、「ふるさとの木による、ふるさとの森づくり」を、生き方を、生活を、考えていかなければいけない時代ではないでしょうか？

今こそ、もう一度じっくり、四十年前に当時の事実と対応について具体的に書いたことを、その後の成果と比較しながらじっくり読みこなしていただき、そしてその知見を基礎に、これから明日は、そして四十年先、四百年先、四千年先はどうなるか、どうすべきかを考えていこうではありませんか。

過去は未来に向かってのメッセージ

最後に重ねて申し上げたいことは、過去とのつながりの結果として現在があり、私たちは今日のためだけに生きているのではなくて、明日のため、明後日のため、未来のために今をどう生きるかということが大事なんだ、ということです。

そのためには、過去にはどういう対応をしてきたかを勉強しなければいけません。非常に成功したものだけが歴史に残っています。しかし、その裏の側に、うまくいかなかった面、そして永遠の課題として残さなければいけないもの、見直さなければいけないもの、新しく考え、つくっていかなければいけないものがあります。それが何であるかを、見直していきましょう。新しく考え、実行し、必要に応じてつくっていかなければいけないものとは何かを見通し、できるところから、明日ではなく、今すぐにできるところから取り組まなければなりません。

人類は、何といっても、この地球上で、本当にあらゆる面で、今や量的には全地球上のバイオマスにくらべればきわめて少ないけれども、まさに地域から全地球をコントロールできるほどの力をもってきました。それは、われわれ人間しかもっていない大脳皮質を使いきっての、科学の発展、それをふまえた技術への展開にもとづいてきました。

ローカルからグローバルにつながる生態系のシステム、生物社会の枠内であらゆるものが生産され、それをわれわれ人間も含めた動物たちが消費し、そして当然出てくる廃棄物をうまく、じっくりと微生物群が分解・還元して、ふたたび生態系システムの中で唯一の生産者である緑が発展するために使い切る――この生産、消費、分解・還元のエコシステム、ゆるい有機体のようなエコシステムが、その地域から地球規模で循環しています。

その中で消費者として生かされている私たち人間、ホモ・サピエンスは、明日のために何をするのか？　それを知るためには、過去を十分に知りつくさなければなりません。

本書は、今から約四十年前に、リアルな一研究者の立場で、かなり冷徹に、一部は今考えると少しきつい言葉を使ったところもありますけれども、具体的な事実を淡々とまとめたものです。当時の植生科学的な知見がさまざまな人間活動とを総合して理解されることで、過去・現在を評価し、警告として、新しい未来のために、そのメカニズム、内容について調べ、語ったものです。これは未来に向かってのメッセージです。

いのちの絆をつなぐのが、私たちの使命

新版の刊行にあたって、この四十年間の歴史、日本の、世界の、当時の現状をふまえ、私が著者としてじっくりと読み直して手を入れました。私自身が、四十年たっても、内容的には本質的にも具体的にもほとんど変えるところはないほど書けていると感じています。

「死んだ材料」だけに関するものは、日進月歩ですから、五年たったら前の論文は使えない、と言う人もいます。しかし、命は続いています。現在、読み返しても基本的な状況は変わっていません。生命にたいして、自然界のシステムにたいしてはそうなのです。人間しかもっていない科学・技術によって発展したすばらしい都市や、産業立地、日々活発に活動している産業

界の各分野、さらに情報、交通手段の分野では、技術的には飛躍的に発展しています。今や「死んだ材料」を使っての技術では、地球から九一六九万キロメートル離れた水星に本当に着陸して、地表の情報資料までもってこられるような状態になっていますし、月までも行け、着陸できています。

しかし、大事なことは、いのちや人間の考え方にたいしては、むしろ過去をふまえたうえでの未来志向が、もっとも大地に足をつけての発展の見方であるということです。そういう意味で、私自身、何回くり返して読んでも古く感じません。「古くて新しい、未来志向」の、新しいものが、ここにあります。

同じことを再びくり返さないためにも、あえて一部には手を入れ、書き直しましたが、自然と人間との本質的な関わりは変わりませんし、このままいけば、一番いばっている地球の王者の私たちホモ・サピエンスが最初に悲劇をもたらさないとは――しかも消滅という結果がもたらされないとは、だれも保証できません。進化の歴史を見ると、アリや微生物のような、非常に単純な生物は、何億年も生き延びています。

人間は、非常に急速に発展しました。原始の時代から含めても、せいぜい五百ないし六百万年です。これは四十億年の地球のいのちの歴史と比較すれば、生命の歴史を三六五日、一年の映画にしたとしたら、人類誕生以来の五百万年は、わずか除夜の鐘が鳴る前の数分間と計算している学者もいるほどです。その最後に出てきた私たち人間が、少なくとも次の氷河期が来ると予測される九千年、一万年のあいだ続くいのちの絆を、ＤＮＡを、限られた日本の国土で、地球でつなぎ、発展させなければいけないのです。いのちや心を支えるトータルな環境は簡単に変わるものではない、むしろ変わりすぎたら危険であるということを、暗示しているのではありませんか。

明日のために、明日の生き方を見るために、本書を、ぜひ現在の目で見ていただきたいのです。一見すれば、四十年前と、物質の世界では想像もできないほど、情報産業も、エネルギー生産も、食べ物にたいする添加物も、形、味、色、香りも、それを進化といっていいかどうかわかりませんが、非常に発達しています。反面、いのちはまったく同じであり、そして人間が行ってきたことも、残念ながらあまり変わっていません。

確実に、心も体もより豊かに、今日を、そして明日を、未来を、より間違いなく生きるためにはどうしたらよいか。もう一度、四十年前の現実を見なおしながら、未来のために、いのちと豊かな生活と、そして未来のすべての人たちの心身共に安全な生活と日本の国土、人類と地球を保証するための生き方を、共に考え、足もとから、できるところから進めていきたいと願っています。

二〇一五年一月　　　　宮脇　昭

人類最後の日　目次

人類最後の日

生き延びるために、自然の再生を

1

環境破壊は自滅への道だ

死は迫っている

友だちが死んだ

みんなは「公害」はこわいとか、おそろしいといっています。

病気でなくなった人がたくさんいます。

わたしたちの組にも三人います。川崎市の人たちをぜんぶあつめると、もっともっといます。

ですから日本の人たち、ぜん国の人たち、きょうりょくしてください、公害でびょうきでこまっている人たちがいます。


（川崎市殿町小学校Mさんの作文）


一九六九年四月二一日、川崎市中瀬町に住む小学校四年のH君が死んだ。原因は川崎市健康保険中央病院で気管支性ゼンソクによる心臓衰弱と診断された。

「朝、学校へ出かけた時には、ふだんとすこしも変わりなかったのに……」

変わり果てたH君の姿に、おかあさんは涙を流して絶句した。

「土曜日でお昼に帰ってきましたが、なにか元気がありませんでした。……午前零時ごろ、突然はげしい発作が襲いました。

苦しそうでした……。

わたしが病院に電話しているあいだに、『トイレにいきたい』とベッドから降りて、自分で歩き出しました。そして、そのまま倒れて立ち上がりませんでした。

救急車で病院に運ばれた時には死んでいました。

『ボク、大きくなったら川崎のスモッグをなくしてやるよ』よく、そう言ってました。ゼンソクは川崎のよごれた空気のせいだと感じとっていたのでしょう。

それでも、大きくなったらゼンソクがなおるとガンバッていたのに……」

（以上は、最近のある雑誌記事を要約したものである。）


死。なんといまわしい言葉だ。若い元気な君たちには、ピンとこないだろう。だが、君たちの弟や妹ぐらいの子どもたちの中にも、こうして死と隣り合わせに暮らしながら、恐怖の毎日を送っている人たちがいることを考えてほしい。子どもばかりではない。からだの弱いおとな、あるいは老人たちもそうだ。

川崎市は日本でも有数の大工業地帯だ。人間の知恵と力が、この街をつくりあげた。そして、そこでつくり出される製品が、わたしたちの現代生活に大きな役割を果たしていることは否定できない。その事実を誇るかのように、巨大な腕を思わせる煙突が天にそびえ、黒い煙をはきつづけている。そのため、空気はいつも黒く重くよどんで頭上をおおっている。

このまま日本の環境汚染が進めば、川崎の小学生の苦しみが、あすは君を襲うかもしれない。

公害の毎日

この川崎の場合は、主として工場がはき出す煤煙が原因だ。おなじ例は、三重県四日市、兵庫県尼崎、大阪府堺、岡山県水島などにも見られる。このほか、自動車の騒音・排気ガス、米や野菜についている農薬、あたらしい産業廃棄物にふくまれている重金属による川や地下水の汚染、海洋汚染など、いわゆる公害と呼ばれるものは、じつにたくさんある。これらが現在大きな社会問題となっていることは、事新しくいう必要はないだろう。

「公害とは政府公認の害だ」という人さえいるほどだ。公の害というのはまちがいだ、という気持と同時に、とらえどころのない、かんたんには対策のたてようが見つからないこの害悪にたいする怒りといらだち、それがこんな表現をさせたと考えられないだろうか。

それはともかくとして、人間生活をゆたかにするために研究されるはずの科学や技術、そしてそれを利用した産業が発達すればするほど、私たちの生きてゆく環境がどんどんわるくなってゆくとは、皮肉な話だ。

このまま進めば、人類は滅亡するのではないかとさえいう人もいる。私たちにとってひととき も欠かすことのできない、空気や水や大地が、ほんとうに、生きてゆけないほど汚され、おかされつづけているのだろうか。

たいへん残念なことに、それが事実かどうかは、人間がある日、突然、大量に死んでみないとわからない。

このことをもっと深く考えるまえに、私たちのまわりの環境がどれくらい破壊されているのか、具体的にさぐってみよう。

自然の破壊——富士スバルライン

富士山に登ろうとすると、以前なら一日がかりだった。真夜中に麓を出発し、七合目か八合目で御来光（日の出）をおがむ、というのが普通だったろう。ところが、一九六四年に観光道路、富士スバルラインがつくられ、五合目（海抜二千四百メートル）の古御嶽《こみたけ》神社まで、自動車で一時間たらずのうちに行けるようになった。たいへん便利になったものである。

だが、このたった一本の道路によって、富士山の自然がどれだけ変わったか。ちょっと、ドライブしてみよう。

河口湖をあとに、ひろい裾野を通って剣丸尾《けんまるび》（海抜九百メートル前後）の溶岩上を走る。この

富士山のふもと、剣丸尾付近（海抜約九百ｍ）

あたりは赤い幹のアカマツ林が、両側にどこまでもつづいており、その下に、ヤマツツジ、ウツギ、ニシキウツギ、キブシ、ガマズミなどの低木が見られる。晴れた日には、真正面に雪をかぶった富士の峰が端正な姿で私たちをまねく。ああ、すばらしい、これこそほんとうの観光道路だ、という歓声のうちに、車はどんどん上りつめてゆく。

カラマツが植林された地帯を抜け、シラカンバの樹林をぬって、道が大きく右にカーブする。

二合目、三合目を過ぎ、海抜千九百メートル前後、いわゆる亜高山性の針葉樹林帯（オオシラビソ、シラビソ林など）にはいる。ここまで来ると、突然、どうしたことか道の両側一面に、白骨をよこたえたように木がばたばた倒れているのが目につく。そして、終点の五合目まで、この山の傷口は絶えることがない。

どうしたのだろう。調べてみると、道路が通じてから八年たった今日、なお一年に数千本の大木が枯れてゆくという。犯人は、どうもこの観光道路スバルラインらしい。

このみじめな死の道路を前にして、多くの人たちはいう。きっと、自動車の排気ガスでやられたんだろう。いや、虫にやられたのだ、風に吹きたおされたのだ、あるいはカビに負けたのだ、と。富士山のこのあたりは、まさに大木の死に方のオンパレードだ。もしこの木々の死亡診断書を書くとすれば、たしかに、たとえば三千本は風で、二千本は害虫に、また三千本はカビによって、と記入されるかもしれない。だが、これはかならずしも大量死をただしく診断したものとはいえない。

くわしいことはあとで触れるけれど(「植物社会の成り立ち」の章の「植物社会のはげしい競争」一六二ページ以下を参照のこと)、地球上のどこでもよい、ひとつの地域にはえている植物は、高木からその根元の草やコケまでもふくめて、たがいに光や養分のうばい合いや競争をしながらも、高木、亜高木、低木、草本、コケ層と住み分けてがまんしながら、みな複雑な**共存関係**をむすんでいる。(厳密にいえば、そこの動物もふくまれる。)とくに、周囲から孤立してたかくそびえる富士山は、風がきびしく吹きつける、冬など極端な低温におそわれ、しかも乾燥した養分の少ない溶岩地帯であるなどの悪条件がそろいすぎている。このようなところでは、植物はたがいによりそい、密生して生きつづけている。限られた環境、限られた空間であるから、彼らはおたがいに他を征服しよう、自分こそ優位に立とうと競争しあっているようではあるが、じつは競争しあいながらも、おたがいに依存しあって生きているのである。いいかえれば、どんないやなやつでも、相手がほろびれば、自分もほろびる運命におかれているのだ。

このように密生していた富士山の針葉樹林帯に、ある日突然、一本の道路がつくられることになった。

木を切りたおし、下草を刈る、ブルドーザーで山側をけずり谷側に土を落とす、整地して舗装する。その結果は、道幅だけの空間が林のなかにできたのではない。道の両側——直接には人が手をふれなかったところにまで、死の世界をつくりだすことになったのだ。理由は、自然のがまん度を越えたむりな道路建設が、植物たちのバランスのとれていた共存関係をくずしたのである。

すばらしい富士のながめ、と見とれてばかりはいられない。

このような自然破壊の例は、スバルラインばかりではない。森林と道路の関係だけをひろっても、北海道の大雪山に計画されている山岳道路から、東北の八幡平《はちまんたい》、月山《がっさん》、磐梯吾妻《ばんだいあづま》スカイラインにもいえる。関東地方では、奥日光、西丹沢、さらに海岸沿いの三浦半島につくられた、あのみじめな水ぎわの道路。中部地方では、現在建設中のものも含め南アルプス・スーパー林道、国定公園鳳来寺《ほうらいじ》山パークウェイ、新潟県の弥彦《やひこ》スカイライン、中部山岳横断道路。近畿地方では吉野熊野国立公園にある大台が原有料道路。四国の石鎚山《いしづちやま》横断道路。九州に行くと、中央山地横断道路、奄美大島名瀬《なぜ》の裏山を通るスーパー林道。沖縄でも沖縄本島北部国頭の横断道路、さらに日本最南端に最後まで残されてきた原生林をまっ二つに割る西表《いりおもて》島の横断道路など、たいへんな数にのぼる。

富士スバルライン。道路からかなり離れたところまで破壊されている（海抜約二千m付近）

これらすべての山岳道路は、どれも自然の成り立ちやあり方を無視し、人間のつごうのままにブルドーザーを入れたため、たった一本の道路によって、周辺の数十メートル、場所によっては数百メートルにわたって、死の谷、死の森、死の山をつくりだしているのである。

都市公害——人間生活への集中攻撃

どんな気候のときでも快適にすごせるよう完全にエア・コンディションされたビルの群れ、市中の混雑にわずらわされることなく、短時間

道路に沿ってみられる枯れ木のオンパレード

で目的地に行けるよう縦横に設計されたハイウェー、雨が降ってもぬれずに歩けるアーケードや地下街等々、これがひと昔まえに人間が夢に描いた、快適な未来都市のすがただった。どろくさい自然のなかで、暑さと寒さ、嵐や雪、カやハエや毒ヘビに悩まされながら生活していたときには、一刻もはやく実現してほしいと熱望した、すばらしい人工環境であった。

　現在の東京や大阪、横浜、名古屋をはじめとする大都市の中心部、あるいは新産業用地は、膨大な資金と人間の可能なかぎりの能力と技術を集中的に投資してつくられた、いわば人間の理想郷ともいえるところである。その理想郷がやっと出来はじめた今、そこに住む人びとは、直接、間接、生命にかかわるようなさまざまな被害をこうむっている。排気ガス、スモッグ、騒音……犯人は無数にある。

　土と水、さらにきれいな空気を奪われたため、これまで人びとの目を楽しませてくれた、昔から生活していた昆虫や草花がほとんど死に絶えてしまった。かわって登場してきたのは、アメリカシロヒトリとか、ブタクサ、セイタカアワダチソウなどのよそ者（帰化昆虫、帰化植物）である。

また工場廃液が流れ込む海べでは、背骨の曲がった奇形のハゼなどがつれる。奇型の魚は、もちろん昔もいただろう。しかし、現在はその数があまりにも多すぎるという。

富士山の自然はきびしい。強風のため、森林限界付近のカラマツは旗形樹形をしている（上、海抜二千四百五十ｍ）。また、亜高山性のシラビソ林では、植物はびっしりと寄り合って生きている。その樹冠（中）と林床（下）（約二千ｍ）

国や地方機関は、あわてふためいて対策にのりだした。測定可能な亜硫酸ガスや一酸化炭素、窒素化合物を空中に放出するのを規制しようと高い煙突をつくらせたり、水質を汚染するカドミウムや有機水銀の量を血眼になって測定したりしてはいるけれど、まだまだ対処のしかたがばらばらで、総合的な立場から解決の道を見いだそうとしているところまで進んでいない。その間に、さらに恐ろしい、思いもかけぬ公害が発生しないと、だれが保障できるだろう。

現に、一九七〇年には、新手の公害が東京に登場した。太陽が焼けつくように照りかがやき、風がぱったりと止んだある日、突然、目や鼻やのどに痛みを訴えて、人びとがばたばたと倒れた。また、ケヤキなどが、二度も三度も落葉する。原因は、忍者のような光化学スモッグである。これにたいする対策があまりとられないまま迎えた翌一九七一年夏には、ほとんど連日のように全国各地で被害者が出ている。

大洋の汚染――地球は汚されつづけている

一九七〇年、私はなかまの生物研究者たちといっしょに、日本列島最南端、沖縄の西表島に三週間にわたって二度、現地植生調査に行った。ここは北回帰線にちかく、台湾の台中やハワイ諸島北部とほぼ同じ緯度にある。

亜熱帯のかがやく太陽、底まで明るくすきとおって見えるサンゴ礁の海をたのしみながら、

沖縄の喜屋武岬など亜熱帯地方の海岸にはえるグンバイヒルガオ

私たちは、やがて人の手がまだ加えられたことのない原生林におおわれた島と濃紺色の海を目の前にした。南海岸にある小さな無人の浜に上陸する。ここは絶壁にさえぎられて、陸側からは行けない。

　沖縄特有のさまざまな常緑広葉樹林にかこまれ、グンバイヒルガオやハマゴウにいろどられた白い砂浜である。ふと見ると、このまっ白な砂の上に奇妙な黒いかたまりが、ボールをころがしたように点々とちらばっている。私たちは、首をかしげながら調べてみたが、何かわからない。勇気を出して、えいっとばかり踏みつけたとたん、それはコンニャクを踏んだように、ぐにゃりとくずれた。石油のかたまりだったのである。

　現在、何万トン、何十万トンのタンカーが、石油をアラビア半島やイラク、イランから、インド洋を通ってはるばる日本に運んでくる。そして帰りには、船底に揚げ残した油を、海上で捨ててゆく。一隻が捨てる量は、それほどでなくとも、度かさなればたいへんな量になる。この石油のなかにふくまれたコールタールが、波にただよいながらだんだん固まり、丸いボール状になって、海岸に打ち上げられるのだ。

このような石油のかたまりは、日本列島の、たとえば三浦半島、あるいは東京湾の周辺など、タンカーの出入りがはげしいところでは、どこでも見られる。それがまだ日本でいちばん自然度の高い沖縄の西表島にもあらわれたのだ。

スウェーデンの人類学者トール・ヘイエルダール博士も、一九七〇年にアシでつくった船ラー号で大西洋を横断したとき、あの広い大洋が石油でひどく汚染されていた、と報告している。石油の輸送によって、世界じゅうの海が汚染されているわけである。そして、それによって、海中のバクテリアが、プランクトンなどの小動物が、死んでゆく。

公害は、陸の上ばかりでなく、海にまで及んでいるのである。地球全体が石油や、あたらしい産業廃棄物で汚され、荒廃しつくされようとしていることを、西表島で私は見た。

ゆりもどし——自然のしっぺ返し

〝人類の進歩と調和〟をテーマとして、一九七〇年、万国博覧会が大阪吹田《すいた》の千里でひらかれた。君たちのなかにも見にいった人がいるかもしれない。世界各国が、ここできそって文明

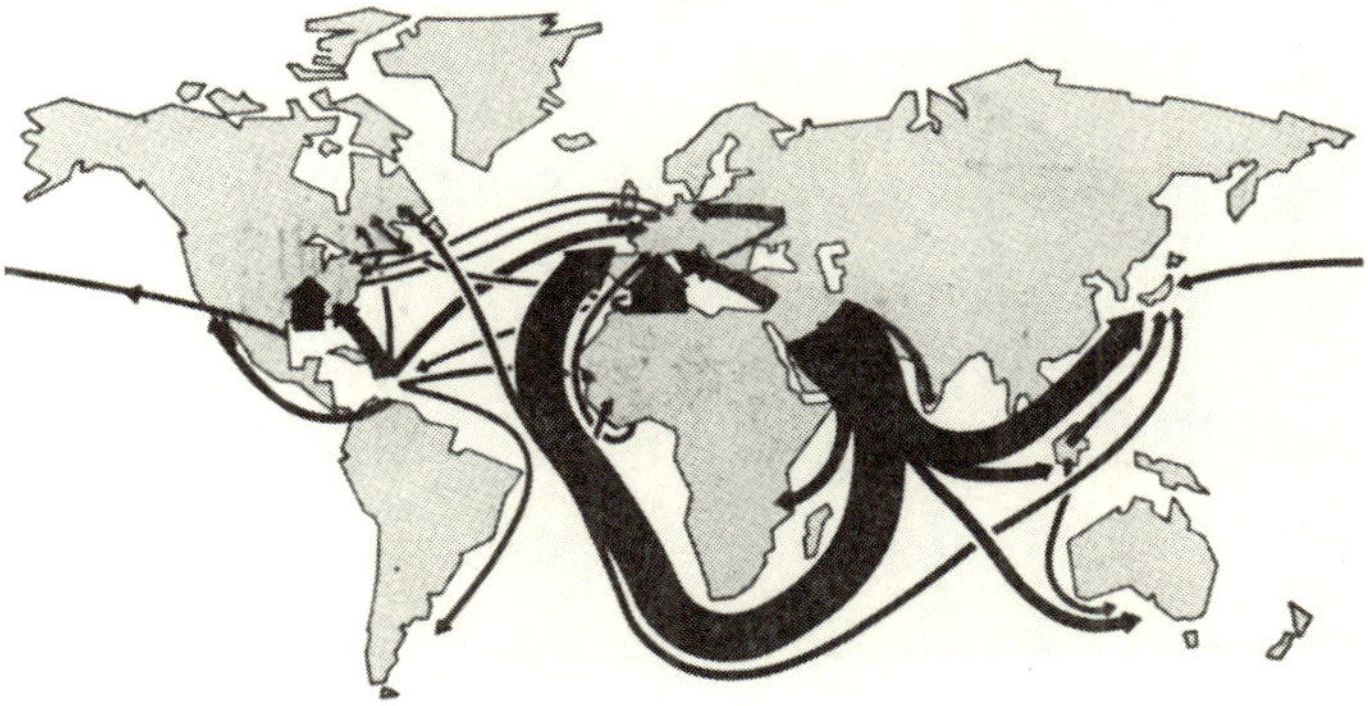

石油は世界じゅうの海を運ばれている。とくに人口密度の高いところほど、石油による汚染がひどい（宇井純「世界にひろがる海洋の死臭」『朝日ジャーナル』1971年1月22日による）

のあたらしい、すばらしい未来像をくりひろげて見せてくれた。

現代の科学・技術の粋をあつめてつくり上げたそれぞれのパヴィリオン（展示館）は、内も外も私たちの目をみはらせるに充分だった。

ところで、あの大群衆のなかで、しかもキラキラとめまぐるしく動くさまざまな展示物にかこまれた目新しい人工環境のなかで、一生を過ごしたまえといわれたら、君たちはどんな気持がするだろうか。

有頂天になって喜ぶ人もいるかな。

十時間、一日、三日、十日、それくらいならしんぼう強い君たちは、おもしろく楽しく過ごせるかもしれない。しかし、一年たち、三年たち、十年たったときに、どうだろう。

人間以外に、生命の息吹きを感じさせるものはない。はじめのうちこそは無理をしてきれいに植えていたケヤキなどの植物も、いつか枯れはてている。見回しても緑ひとつない。時間がたつにつれて、ひどいいらだちに襲われる。

しかも、食べるものもかたよるだろう。毎日おなじようなフルコースの洋食をたべさせられ、思いきり汗をながすような運動もできずに、からだばかりがブクブクとふとってゆく。

気持がおちつかない、からだが重い。そんな時、突然、大地震、あるいは超大型の台風、大洪水に見舞われたとしたら、どうなるだろう。自然から隔離されたせまい人工環境に住む君たち何十万人かは、一瞬のうちに自滅してしまうだろう。

そんな天変地異を急にもち出して、と君はいうかもしれない。だが日本では、何十年かに一回はどこの地域でも、風速五十メートルないし七十メートルの強風や台風に襲われる。一晩に二百ミリ以上の大雨に見舞われる可能性は、もっと大きい。

こういう現象は、天変地異などではなく、自然界の定期的なすがたなのだ。

人類のかがやかしい未来像、進歩と調和を象徴した万国博会場。自然物をいっさい排した人工環境の極致。日本じゅうの、いわゆる自然のなかで現に生活している人たちが、一生のあいだに一度だけでも、わずか数時間だけでも、と押しかけた所。皮肉にも、そのような場所で、君たちは死ぬのだ。

君たち、いや私たち人類が長いあいだ夢にえがいた、あの万国博会場のようなすべての共存者から切り離された完全な人工環境が、地球上の大都市につぎつぎとつくられたとしたら、どうなるだろうか。寒い冬の日は暖房を入れ、暑い夏の日には冷房にする、歩く距離をできるだけ少なくして自動車を利用する。食物といえば、自然の味をできるだけこわし、人工調味料や着色材で加工調理する。自然からかけはなれた大宮殿のようなところで、豪華な生活をたのしむわけだ。

しかも、人間は満員状態……。こんな状態のところに、自然がほんのちょっとゆりもどしを起こした時――それは、まさに人類最後の日になりかねない。

ロサンジェルス地震の惨害（一九七〇年二月十日）。このような地震が人口の超密集地域をおそったら……（共同P提供）

すべての生物に君臨し、生かすも殺すも意のままと、おごりたかぶっている人間に最後の日が近づいている、と生物とその環境を研究している人たちや先見性がある人たちが叫んでも、まだまだ多くの人たちは信用しない。

しかし、このまま〝死んだ材料〟だけをもちいた科学や技術だけを過信して進めば、死はまもなく全人類の上におそいかかるだろう。

共存者は滅びた

死を目前にして

工場廃液や大気汚染が最近急に社会問題としてクローズアップされたため（じつは、それぞれの地域ではるか以前から住民の苦情や抗議が絶えなかったのだが）、国や地方自治体の関係機関はあわてて環境の保全基準をつくり、公害源の規制をしはじめた。煙突からはき出される亜硫酸ガスは何PPM以下にしろとか、自動車の排気ガスにふくまれる一酸化炭素の量をいくら以下にすること、等々。

しかし、公害の恐ろしさが、このような個別対策だけで根本的に取り除かれるものだろうか。現代の科学では、まだ直接それにたいして解答を出すことはできない。くわしいことはあとで触れるが（「もし緑の植物がなくなったら」の章の「生態系のからくり」、一三六ページ以降を参照のこと）、人間もふくめた生物社会は、きわめて複雑なしくみで成り立っている。これを生態系（エコシステム、ecosystem）といい、その中では主として食物の形で、さまざまな物質が循環している。

これまでひじょうにスムーズに流れていた物質循環の輪のなかに、突然公害源からはき出される有害物質がはいり込んだらどうなるだろうか。何PPM以下しか、何パーセント以下しかふくまれていないと、規制を盾にしてごく少量の毒物をはき出しているうちに、ある日突然、人類の集団死が起こらないとは、だれも予言できないのである。

環境の変化は日一日、目立たない形で起こるが、死は一瞬のうちに襲ってくる。一度死んだものは、どうくふうしても、絶対に二度と生き返ってはこないのだ。

君たちはまだ若い。だから、自分が死ぬとはどういうことか、まだほんとうにはわからないだろう。もっとも、君たちばかりか、いま現在生きている人間は、だれだって、生と死のほんとうの意味はわかっていないと言ってまちがいはなかろう。

言えることは、この世に生を受けた人間は、だんだん生長し、青春期を迎え、恋をし、そして子どもを生んで、やがて老衰しながら死んでゆく。バッタもセミも、道ばたの雑草も、おなじような過程をたどるということだ。ただ、考えなければならないのは、いまやそのような、いわば天寿をまっとうできるかどうかということである。

一度死に見舞われたら、どんな生物でも、絶対に、ふたたびこの世に生き返ることはできない。

そう考えると、生きているということは、生物にとってもっともたいせつな、基本的な喜びと考えなければならない。もし生存がおびやかされたら、どんな犠牲を払っても、まず生き延びるために、なりふりかまわず必死にたたかうべきである。

亜硫酸ガスは何ＰＰＭ以下なら人体に害がないかなどといくら調べても、ほんとうは、どれだけの量になれば人間は死ぬのか、だれにもわかってはいないのだ。人体に悪影響をおよぼす危険が予想されるものは追放しなければならない。

死を予見する方法

あまり悲観的な話ばかりをしてしまったようだが、科学者のひとりとして私は、君たちにつぎのような見方があるということを、ぜひ知ってもらいたいと思う。

環境がけがされ破壊されてゆくにつれ生命も破壊されてゆくということはお話ししたが、それでは人間の大量死が予想される現在、この破壊がどの程度まで進行しているのか——それは生態学という学問が、ある示唆をあたえてくれる。

地球上に生命が誕生してから三十数億年、その間につくり出された生命をもつものの集団と環境との相互関係から、間接的ではあるが、もっともまちがいない方法で予見することができる。

すべての生物は、自分とおなじ環境に生活している他の生物（おなじ種も含む）と競争し、それに打ち勝とう打ち勝とうと努力している。しかし反面、この競争者はじつは自分にとってもっとも力強い共存者なのである。

たとえ話をしよう。君たちはきっと、同級生のなかに親友をもっているにちがいない。試験のときなど、おたがいに家に泊まり合いっこしながら勉強しているのではないだろうか。しかし、もし君が中学生だとして、競争率がたいへん高いある高校をいっしょに受験するとなったらどうだろう。君と親友とがほぼ同じ能力・学力だとしよう。すると、いちばんきびしい競争相手は、残酷にも、君がもっとも敬愛する友人ということになるだろう。

さいわい、ふたりとも無事合格できたら、君たちはまた仲良くやってゆけるはずだ。もし君がけがをしたり病気になったときは、ご両親におとらず真剣に看病し、はげましてくれるにちがいない。だが、君たちがやがて高校を終え、大学に、しかもふたりとも同じ大学の同じ学科を選ぶようになったとすると、前にも増して君と親友のあいだにきびしい競争関係がうまれてくる。

生物の社会では、このような競争関係と共存関係は無数に見られる。いや、はっきり言うと、君と親友の場合とまったく同様に、競争者はすなわち共存者なのだ。しかも、それは一対一という単純な関係ではなく、たいへん複雑に入り組んでいる。ポーランドのある学者は、このような多彩な生命集団の関係を、時計の内部機構にたとえている。小さなねじくぎがほんの一つこわれても、その時計は完全に止まってしまう。自然のなかの多様な生命集団とその環境は、そのような相互関係をもっているのだ。

死の中心

雑草とか昆虫の群れなど、生命集団としては比較的単純だが、集団を構成するものの数や環境などの変化がはげしいものを調べてゆくと、いろいろおもしろいことが見つかる。

貯蔵した米のなかに巣くうコクゾウムシという小さな昆虫でも、草むらにすむバッタでもよい。たとえばバッタの場合、急に大繁殖することがあるのを君たちも知っているだろう。いっせいに飛び立つと、まっ黒な雲が空一面を覆ったようになる。そして彼らは、地上の緑をすべて食いつくしながら野を越え、山を越え移動してゆく。このようにふえすぎてしまったバッタの群れは、ついには移動の方向性を失い、どこまでもまっすぐに進んでいって、海に落ちこんで死んでしまう。

すべての生物集団は発生すると、生長をつづけ、やがて生存するための最適状態に達する。とくに生存を外からおさえるものがないかぎり、彼らは急速に個体数を増してゆく。しかし、個体数がふえすぎれば彼らをとりまく環境は当然変化するわけで、彼らはそのあたらしい環境に適応できずに死滅してゆく。右のバッタの群れは、そのような状態におちいったものなのである。

また、植物群落の場合はどうかというと、大繁茂して過密状態になると、中心部で枯死がおこり、群落の周辺だけがわずかに生き残る。これを〝死の中心〟（デス・センター）という。どんな生物社会でも、環境がだんだん改善されて最適条件をむかえ、さらに最高条件まで進むと個体数が超過密になる。このままでは集団あるいは種属が滅亡してしまうというとき、自己コントロールするために起こる現象である。

東京・横浜・大阪・名古屋などの大都会を考えると、いまにも人間社会の死の中心ができそうな過密状態である。人類全体から考えれば、都市の周辺に多少の人間が生き残るのだから、その人たちがまた子孫をふやせるともいえよう。

しかし、都市の中心部に君やあなたや私が生活しているとしたら？　人類が生き残れるなら自分は死んでもいい、と気軽に観念できるだろうか。

人間は単独では生きてゆけない。あくまでも生物社会の一員にすぎない、ということを心得てほしいものである。他の生物、雑草や昆虫や獣たち、たとえ彼らが時にはわずらわしい存在と思われても、根絶やしさせてはならない。彼らの野性味あふれる生命力と競争しながら共存する、という考えに立ってほしいものである。

さいわいにして、人間には英知がある。いまこそ、その英知を存分にはたらかせて、人間社会に死の中心を生み出さないよう、生命の大量死を招くまえに、きょうも、あすも快適に生きてゆける生活環境を先取りするため、自然の積極的な保護、環境の復元・再生に取り組もうではないか。

十年先の日本

迷信を取り払おう

私たち生態学者が自然の保護や回復をうったえ、人類の危機をさけぶと、経済学者（もちろん一部の人たちだが）から、こう反論される。

「自然をはなれ、すばらしい人工環境に住むというのは、人類がながいあいだ夢み、希望してきたことじゃありませんか。その環境が快適だからこそ、人口はふえつづけているんです。公害が発生したら、その対策にあたる産業を育てればいいのです。

人間はこれまで、いつでも今がいちばんの危機だと叫びながら繁栄しつづけてきています。これから、まさにほんとうの人類の発展を考えていこうというときに、自然に返れとか、人間が死滅するなどとおっしゃるのは、あまりにもひどい悲観論ではありませんか」

この発言は、部分的には正しい。人類はこれまで他の生物に君臨し、繁栄しつづけてきたのは事実なのだから。

しかし、どれほど自然を破壊し、他の生物を殺しても、今までは、私たち人間にとって第一に必要な空気中の酸素や水はふんだんにあり、食物は余るほどつくることができた。酸素がなければ死んでしまうとはいっても、一度だってなくなったことはない。水も、砂漠とか一時的な干ばつで不足する地域はあっても、地球全体からみれば、足りなくなるということはなかった。そのうえ、人間が生きてゆけないほど生活環境がけがされ、破壊されたこともなかった。

そのため、人間は妙な自信、いや迷信のとりこになってきた。

自然のものは、たとえ一時でもなくなったら生きてゆけないほど貴重であっても、それらは本来無限にありつづける。工場で生産されたものは、たとえ毒であってもお金を払うべきものだが、しかし自然にあるものにお金をかけるばかがあるものか、という固定観念にとりつかれてきたのだ。

これまで何度も言ってきたとおり、すでに空気や水が不足し、けがされてきている。人類の共存者の一部は滅びかけているのである。

都市砂漠の暗やみで

もし今のままの状態で、企業優先、経済発展第一主義の政策をとりつづけたら、十年先の日本はどうなっているだろう。かなり確かな予想図がえがかれそうだ。

――工場がはき出す煤煙で、昼でも太陽の光はかくされているだろう（ひと昔まえの、冬のロンドンのように)。一酸化炭素や亜硫酸ガスばかりか、炭酸ガスの量も急速にふえるにちがいない。――

ごく最近までは、空気中の炭酸ガスがふえれば、気温が上がって北極や南極の氷がとけ出し、東京、大阪などの海抜三十メートル以下の低地は全部水びたしになるという予想がたてられ、危機感をあおる材料にされてきた。(炭酸ガスは空気中の熱が放散するのをさまたげる。)だが、皮肉にも、これはまったく逆だった。

じっさいには、空気中に非常にたくさんの塵がただよっているので、太陽からの熱と光がさえぎられる。塵などがなければ気温は上がるだろうが、これがあるため空気中の炭酸ガスがふえているのに最近ではむしろ地球全体の温度が下がってきているという説もあるほどだ。この空気中にただよう塵のために、海流の変化や、局地的に何年も雨が降らなかったり、あるいは何十日も大豪雨に見舞われるといった、局地的から地球規模の大気象異変を起こす可能性がある。

――あたりを見回してみよう。すべての森や林が切り倒され、自然が回復できないまでに破壊されている。草一本見あたらない。人間は無意識的、本能的に緑色をもとめるから、プラスチックでつくったランやつる草、あるいはまた、ホンコンフラワーと呼ばれる人造の花を飾るだろう。人工のものは生気がないから、殺風景なものである。

陽光がさえぎられているため、昼間でも室内はもちろん街路にまで、灯がともされているにちがいない。空気の汚染がますますひどくなるから、以前なら四十階、五十階と上に伸びていた建物が、地下深く沈んでゆく。

人間は、屋外に出るときは、防毒マスクのような酸素吸入器、または空気浄化装置をつけて歩かなければならないかもしれない。最近は白いマスクを日常のようにつけている人も多い。

公害対策産業は花ざかりとなり、防毒マスクはもちろんのこと、亜硫酸ガスや一酸化炭素、硫酸ミストやオキシダントの量を測定する腕時計のような器具が売り出され、だれもこれをはめていないと、不安で外が歩けない。——

君たちのなかに、これを読んでぞっとしない人がいるだろうか。人間以外の生物は全部死に絶え、人工環境に人間だけが生き延びている数十年後の公害日本の想像図だ。

ところで、この想像図では、だいじなことが忘れられている。樹木や草がなければ、酸素を生産し供給するものがないということだ。

そこで仮に、酸素は水を分解でもしてつくり出すということにしよう。鳥や獣はいなくなったから、蛋白質は大型の魚を飼育して食べることにしよう。とは言っても、プランクトンやそれを食べて大きくなる小エビや小魚もいなくなったから、人工の餌、石炭や石油からつくり出した油ぎった人造飼料で育てよう。そして足りない栄養は、べつに薬を飲むことで補う。

こんなふうにしてやっと日常生活を送ることになったとしたら、現在の君たちのような健康な肉体と健全な思考力、判断力をもちつづけてゆけるだろうか。

こう考えると、私たち人間は、昔のおとぎ話に出てくる意地悪ばあさんのように、金銀財宝を枕にして、のたれ死にするということになりかねない。

緑が一本も見あたらない、飛ぶ鳥とてもない荒涼とした都市砂漠のあちこち、地下街への入口がぽっかりと穴をあけている。その周囲には、病みほうけた、飢えにやせ細った人間の死骸がごろごろころがっている。

恐竜の教訓

君たちのなかには、おどかしが過ぎる、マユツバ物じゃないか、と疑う人がいるかもしれない。

そこで、過去から教訓をひき出そう。

恐竜といったら、君たち知らない人はまずないだろう、実物を見た人はいないはずだけれど。いまから一億八千万年ほど前の中生代ジュラ紀は恐竜の全盛時代で、体長一八メートルのブロントサウルスとか、体長三十メートル、体重四十〜五十トンもあるディプロドクスなどという化け物が、地球の王様という顔でのし歩いていた。地上ばかりか、水中にも空にもその仲間が満ちていた。この時代の地球上の環境——気温も湿度も食物も——は、彼らにとって最高だったのである。

しかし、つぎに来る時代の白亜紀（いまから一億三千万年ほど前）になると、突然としか言いようのないほど急速にその姿を消してしまった。消えた理由について、地質学者や古生物学者は、いろいろ意見をたたかわせている。だが生態学の立場からみると、恐竜たちは個体としても集団としてもあまりにも発展しすぎ、自分たちもいっしょになってつくり出した環境に適応できなくなって自滅したと考えられる。しかもそれは、徐々に絶滅したのではなく、段階的に、ある時期まとまって死んでいったことは、スペインやフランスで現在掘り出されている恐竜の化石が、何十頭、何百頭とかたまって出てくるという事実から証明される。

百年先、もしかしたら十年、二十年先に予想される人間の大量死の図は、じつは夢や想像の世界のことではなく、へたをすると実際に起こりうる、確率の高い悲惨な地獄絵なのである。

十年先といえば、君たちにとってもっともはなばなしい青春時代、ということになるだろう。社会人として存分に活躍しはじめた矢先に、生きるための基盤がなくなってはたいへんだ。

恋をし、幸福な家庭をきずき、また思いきって仕事に打ち込める、そんな社会にするため、生物社会の一員としての人間に必要な生存環境をいまから先取りするだけの、そしてまた、それが不足しようとするときには、なにを犠牲にしても、まっさきに取りもどすだけの英知と行動力をもとうではないか。

今が最後のチャンスだ

環境を先取りしよう

現在、地球上に生活している私たち人類（ホモ・サピエンスという）が地球の歴史に登場してから、ほぼ二万年になる。かんたんな石器を手に狩りをしていた時代にくらべ、現代はなんとすばらしい時代だろう。飢えや暑さ寒さに耐え、肉体をすりへらして生活する苦労もなくなった。夢を追いそれを実現し、発展しつづけてきた二万年。これまでの道すじを思えば、今後も人類は無限に発展してゆくにちがいないと、ついつい考えやすい。

しかし、こういう考えは、まったくのまちがいなのだ。なぜなら、これまでの二万年の歴史のあいだでは、どんなに自然を破壊し、生物たちを殺したときであっても、私たち人類が生きてゆくために必要な最低限の生存環境、清い空気、ゆたかな水、多彩な生物社会のバランスをくずしたことは、一度もなかった。植物を唯一の生産者、私たち人間も含めた動物、生物は消費者、正しくは、生きている緑の濃縮した森の寄生虫、物をくさらせてしまうカビやバクテリアなどは分解・還元者というローカルからグローバル（地球）規模の物質循環システム、エコシステムの枠をくずしたことはなかったのだ。

現在はちがう。文明の進歩という名のもとに、汚染と破壊をくりかえしているではないか。郷土の森は切り倒され、カやハエばかりか、トンボもホタルもドジョウも姿が見られなくなった。人類の滅亡をまねく前に、いまこそ英知をもって、健全で、長もちする生存環境を先取りしなければならない。今が最後のチャンスだ。

私たちはなにを犠牲にしても、まず人間が生きてゆくために、そして人間といっしょに共存してきたすべての生物たちが、たがいにいがみ合い、競争しながらも共に生きつづけてきた最低限の持続的な生存環境を先取りしよう。

すでに遅すぎるという人もあるほど、事態は切迫している。

しかし、私はまだ、今なら間にあうと思う。すべての人間が、すべての日本人が、人類二万年の歴史を通じて一度もおとずれたことのなかった最高の発展と、その先にひそむ危機を、正しく心から理解し立ち上がったとき、ぎりぎりのところで人類は滅亡から救われ、日本民族の発展が保証されるはずである。

おとなの頭は受け入れない

今さしあたって、もっとも必要とされるものは何か？　それは新しい時代に対応した、あたらしい自然観をもつことだ。

一口で言ってしまえば簡単だが、これはじつにむずかしいことだ。二万年間、人類は自然と対決し、征服しつづけながら、現在のような文明をきずき上げてきた。だから、この二万年間に身につけてきた自然についての考え、意識を変えるといっても、容易なことではない。

とくに、人間特有の能力、人間だけの特権である思考能力や技術を駆使して経済を発展させてきた現在のおとなたちには、新しい時代の新しい考えを持てといっても、ほとんど不可能だ。彼らは、残念ながら死ぬまで、新しい時代に対応した新しい自然観を身につけることはできないだろう。彼らに、なにものを犠牲にしても悔いないだけの、知恵と果断な実行力をもとめても、一部の人たちを除いて無理である。

では、どうしたらよいか？　この最後のチャンスにもっとも期待がかけられるのは、若い君たちなのだ。君たちなら、必ずわかってくれるはずだ。君たちには、おとなが持っている、悪い、いまわしい先入観がないはずだ。

君たちの白紙のような新しい頭脳は、自然と人類とのすべての問題に貪欲にくいつき、理解しようとするだろう。君たちの積極的な心は、いま人類にはじめて訪れた、刹那的には最高の

これからのあたらしい自然観をもつためには、祖先がきずいた伝統に学ばなければならない（斜面や水ぎわに緑を残した、日本の典型的な田園風景）

生活、あらゆる欲望を支えている「死んだ材料」を使った技術文明のうらに潜む、いのちと、それを支える、いのちを守るトータルな生存環境、個別から地球規模の破綻を生じかねない、きびしい、しかし最後のチャンスを生かす英知をもっているはずだ。

そのためには、まず生物社会の成り立ち、生態学的な基本原則を理解することである。無智は罪悪、智は力である。人類がこれまで育ててきた価値観を変えなければならない、新しい時代が来ている。

昆虫がなによりも好きな人たち。犬や小鳥、あるいは草花や木などが好きな人たち。君たちは、自分がいちばん好きなものをつかって、それを生き延びさせ、保護しようとする。それでいいのだ。

しかし、動物や植物が好きでない人もいるかもしれない。そういう人たちであっても、君たち自身が生きてゆくために必要な、最低限の緑を、そしてできれば、その土地本来の緑の濃縮しているふるさとの森、ふるさとの自然を破壊から守り、より積極的にあたらしく再生し、創造するよう努力してほしい。カやハエのように、時には人間の生活のじゃまになるものであっても、他の生物と共存できるだけの、多様な、そして少々の環境の変化にはすぐさま対応できる、多彩で、ダイナミックに安定した生物社会、生物共同体と、その生存環境を存続させるよう、くふうしてほしい。

これからも人類が、限られた国土で、地球で、どんな自然災害にも耐えてすべての市民が持続的に心身共に発展したいと考えるならば、たとえ保守的だと言われても、生きている、土地本来の、潜在自然植生にもとづく本物の森――緑の自然をうばい返さなければならないのだ。

これからみんなで、自然と人間のただしい関係を理解し、何万年も人類と共に生きのびてきた、それぞれの土地本来の、ふるさとの自然の森を、積極的に再生、回復してゆく努力を積みかさねてゆこう。そのために、以下の章が役立つことを希望する。

2

人類は自然と対決してきた

森の暗やみは人類の敵だった

人間がまず住みついた所

きびしい自然――このことばから、君たちはどんなイメージを思い描くだろうか。

頭上からジリジリと照りつける太陽。雨を呼ぶ黒雲どころか、わずかなかげりさえもたらしてくれる雲も現われない、草も木もやけただれ、見渡すかぎり日陰になるものはなく、まして水一滴見あたらない大砂漠。

あるいは、気温零下四十〜五十度、横なぐりに吹きつける雪(氷の粒かもしれない)、なにか手近かのものにつかまりたいが、こごえた手に力がはいらない。もちろん、目をあけていることも不可能だ。寒さなどとっくに通りこして、突きささるような痛さしか感じられない――そんな南極大陸や北極圏。

日本でさがせば、毎年遭難が相つぐ各地の冬山とか、東北や北海道の人里はなれた山奥あるいは海岸、というところだろうか。また、荒涼とした火山地帯や台風銀座といわれる沖縄や奄美の島々などだろうか。

現代に生きる私たちが思いつくのは、だいたいそんなところと考えて、まずまちがいはある

熱帯降雨林の内部（タイ中部）

まい。

ところで、私たち自身、現在の科学・技術の恩恵にひたりきっている状態から抜け出して、原始生活にもどったと仮定してみよう。

一万年ぐらい昔にさかのぼってみる。地球をおそった三回の大氷河時代がやっと去り、太陽の暖かさがよみがえった大地を、大海原のように行けども行けども欝蒼とした大森林がおおっている。一歩足を踏みこめば、木陰はじめじめと暗く、どこからか猛獣や毒蛇がとび出してきそうな気配が感じられる……。

本来の原始林は、これとはちょっと違った様相をしているのが普通だが、いずれにしろ、気軽に足を踏み入れるには、なにか躊躇《ちゅうちょ》させるものがある。かんたんに言ってしまえば、奥深い森林には恐怖を感じさせる何かがある。

話はちょっと横道にそれる。いまはほとんど見られなくなったけれど、以前なら鎮守の森、お寺や墓場の森というのは、日本全国どこに行っても村にも町にもあった。それは、自然に近いりっぱな森である。そういう森は、近くに住む人たちにとって、親しみのこもった憩いの場所だった、と若い君たちは考えるだろうか。だが、ほんとうは、境内のなかに開けたほんの狭い広場だけがそうなのであって、その後ろにある森の暗がりは、おそれかしこまざるをえない神秘な場所として敬われ、あがめられたものであった。

さて、空の上から大森林を観察したり、機械力で切り開いたりする手段をもたない原始人にとって、そこは恐怖の対象そのものだったにちがいない。事実、彼らが最初に住みついた場所は、現在発掘されている当時の遺跡から考えて、海岸や、湖や、川沿い、あるいは草原などの森林のまわりがひらかれた地域だった。

梢が雲につきささりそうな超高木層が頭上をおおっている、赤道ちかくの熱帯降雨林。それにくらべると規模は小さいが、海岸から低山地まで一面にひろがったシイやタブノキ、カシ類などの、冬も葉を落とさない日本の常緑広葉樹林帯。こういう森林は、人間にとって最も御しにくい、しかも利用価値が少ない、むしろ危険な動物におそわれそうな、〝きびしい自然〟だっただろう。

深い森を背景にゆるやかな起伏を見せる大地、一面の草原は、秋の陽をあびてしずかにそよいでいる。その森林のふちの疎林や草原をぬって女がひとり、幼い子どもの手を引き、ときどき草むらにかがみ込んでなにかもぎ取りながら、こちらにやってくる。

近づいた姿を見ると、長くのびた髪を草のしんで引っつめ、からだに動物の毛皮を軽くまとっている。娘も母親とおなじ身なりだ。小枝で編んだそまつな籠の中には、クルミ、ハシバミ、小さいが赤く熟れたヤマガキなどの木の実のほか、さやのままのダイズやインゲンに似た草の実がはいっている。この家族のきょうの食料なのだろうか。

男たちは、山のむこうまでシカやウサギを追って猟に出ている。うまく獲物を仕止めてきてくれればいいが。先日、不用意に森にはいり込んでクマにおそわれ、けがをした息子は、川岸に近い家（洞穴）に残って、石の矢じりでもつくっているだろう。

母と子は、あちこちに目を配りながら、遠去かってゆく。


こんな時代は、狩猟・採取時代といって、自然にあるものを、知恵をはたらかせてとり食物とした時代だった。海べや湖岸でひろえるムッチリと肉のつまったカイ、甘ずっぱい木の実、あるいは草の実など、食べられるものであれば手あたりしだいに取る。逃げ足の速い動物は、そまつな弓ややり、石づち、わななどで仕止める、そんな時代だった。言ってみれば、人間も自然の一員そのものだった。

鎮守の森

最初の自然破壊

時代がすすむと、人口がふえ、知恵や経験も積みかさねられてくる。人間は、ヒエやタデなどの野生のイネ科などの植物の実を、次いで中国大陸から入ってきたイネやムギを大地に植えると、何か月か後にはたくさんの家族たちを一年じゅう養えるほどの収穫が得られることに気づいた。穀物を栽培するためには、その場所だけでも人間の意志のままに従わせなければならない。

また、ウシやヒツジやヤギなど、肉と乳と毛皮を利用できる動物、すなわち家畜を住居のまわりで飼うようになる。餌などわざわざやる必要はない。家の近くの林や草原に放し飼いすれば、かってに腹いっぱい食べてくれる。そうやって肥えてふとったものを利用すればよい。

常緑広葉樹林の内部

しかし、そのうち栽培や飼育のための場所はだんだん手狭になってきた。なんとか場所をひろげたいと思ったとき、自然に目にうつってくるのは森や林だろう。その一部だけでも切り開いて意のままに利用したい。だが、当時は金属製のおのも、のこぎりも、すきもない。それより、いっそ火をつけて燃やしたらかんたんではないか。

人間は、こうして栽培と飼育のために森のなかに手を加えるようになった。これが、だいたい今から六千～三千年ほど前、新石器時代といわれるころだ。

ここで、ちょっと君たちに重大な疑問をもってもらいたい。熱帯地方とかヨーロッパなど、外国はさておいて、日本の場合でいい。夏でも冬でも緑をたやすことのない常緑広葉樹林、こう言ってもはっきりしないだろうが、たとえばカシ類とかスダジイ、タブノキなどの林を思いうかべてほしい。

常緑広葉樹林の林縁。クズなどは、森の保護組織だが自然の秩序がこわされると、破壊組織に変わる

山に行ったことのある人なら、きっと目にしているはずだが、こういう高木の下には、ヤブツバキ、モチノキ、ネズミモチ、シロダモ、さらに一段と低くヤツデ、アオキ、サカキ、ヒサカキなど、また地表には、シュンラン、ヤブラン、キヅタ、ジャノヒゲ、ベニシダ、イタチシダなど、高木層から草本層まで一年じゅう緑色をした植物がはえているはずだ。

こういう葉に水分を含んだ緑におおわれた森や林に火をつけたとしても、すぐ消えてしまうはずだ、とだれでも思うのではないか。

針葉樹の森は燃えやすい

スギやマツなど、やにの多い針葉樹の葉は火をつけやすいが、ヤツデとかツバキの葉に、そうかんたんに火がつけられるものか。それはそのとおり。ところが、いくら常緑広葉樹林であっても、すべての木が常緑樹

武蔵野を代表する雑木林（クヌギ・コナラ林）

だとはかぎらない。森林の縁には（自然状態ではむしろ森林の保護組織として）、クズ、カナムグラなどのツル植物がからんでいるし、ウツギ、タラノキ、キブシなど、秋から冬にかけて落葉する植物がはえている。また、森のなかには落ち葉や枯れた下草もある。

君たちもよく知っているとおり、日本では春三月から五月にかけて比較的雨の少ない季節がある。こんな時に、林縁に火をつけたら、枯れ葉や枯れ草は、いっせいに燃え上がるだろう。

この一度の火入れで、森がたちまち焼けぼっくいの群れに変わるわけではない。しかし、森をまもっていた林縁のツル植物や低木が焼けると、林のなかに風や光がはいる。そのため森林の生物社会のバランスがくずれて、これまで林縁にしか生育していなかった落葉性のツル植物や陽生の低木が、いっせいに森林のなかに侵入する。

つぎの年の春先に、ふたたび火入れをしたらどうなるか？　いうまでもないだろう。これらの落葉植物をつたった火は、前の年よりももっと森深くはいるにちがいない。するといっそう落葉植物が林内にはびこるようになり、森はさらに燃えやすくなる。

一年、また一年と、こういうくり返しをつづけてゆけば、いかに燃えにくい常緑広葉樹林であっても、姿を消してゆかざるをえない。日本の落葉広葉樹林も、雨季と乾季が交互におとずれる熱帯のタイやベトナムなど山地の夏緑広葉樹林域でも、乾季に火が入り、このようにして人間の手で破壊されていった。

東京、神奈川にまたがる関東ローム層とよばれる黒土（火山灰土）の層は、ふつう厚さ一メートル前後の黒土の層（クロボク。英語では Ando と呼ばれている）でおおわれている。この層は、まだはっきり究明されたわけではないが、植物学、土壌学の研究によれば、森林がつくった土ではないようだ。数千年以上もまえから関東地方の洪積台地をおおっていた、シラカシやウラジロガシなど大木の常緑広葉樹林が破壊され、そのあとにはえた（二次林という）落葉広葉樹のクヌギ、コナラ、エゴノキ、クリ、ヤマザクラなどの落葉広葉樹林（現在も見られる武蔵野の雑木林）、またアズマネザサ、ススキなどのイネ科植物を主とした草原性の植物によってつくられた土だ、と見られている。

ひとたび破壊されたこの地方の常緑広葉樹の大木林は、容易にはよみがえってはこなかったのである。

猛獣や微生物とのたたかい

食うか、食われるか

森の暗やみがいくら恐ろしいといっても、一本一本の木は動くわけではないし、まして直接人間に危害をくわえるはずがない。いちばん恐ろしいのは、そこに住む猛獣たちだった。彼らは、力や速さの点で、人間よりはるかにすぐれている。さらに、ひとかみで人間を死に追いやる猛毒をもったヘビもいる。

熱帯地方では、ゾウ、ライオン、ヒョウ、コブラなどがおり、温帯地方から北では、トラやオオカミやクマ、日本でも、いまは絶滅してしまったニホンオオカミとか、時に北海道で人をおそうヒグマや、本州のツキノワグマ、マムシ、あるいは沖縄や奄美《あまみ》大島にすむハブなど、いくらでもかぞえることができる。

このような動物たちとたたかうことは、あけぼのの時代の人類がまず生き延びるための最初の試練だった。彼らは丸太や石をもち、そまつな弓矢とやりを手に、あるいはわなを仕掛けて猛獣たちと対決した。その戦いぶりは、君たち、先史時代のことを書いた物語などで読んだこと

火がもえ入った後の熱帯雨林。だんだん破壊され、サバンナになる（タイ）

があるだろう。とくに、勇壮なマンモス狩りやトナカイ狩りの情景は、しばしば描かれている。

人類五百万年の歴史を、いや私たちとほぼおなじ骨組みをした人間がうまれてから二万年少々の歴史をふりかえってみると、おそらく最初の一万数千年間の、間氷期に地球が比較的暖かかった時代には、きびしい森林とのたたかいは、すなわち、その森林をすみかとする恐ろしい猛獣・毒蛇とのたたかいであったろう。

人間が火で森を焼きはらうことを覚え、さらにトリカブトなどの根からとれる植物性アルカリの毒を矢じりにぬって、猛獣を射とめる方法を身につけたとき、人類は自然の生物界ではじめて、もっとも優位な立場につくことができた。

幾日も幾日も燃えつづける森の焔は、そのまま人類へのたからかな凱歌だったろう。しかも、森が焼きつくされると、直接人間が手を下さずとも、そこに住む動物たちを根こそぎ死滅させ、あるいは追いはらうことができた。

人間ははじめて自然を征服した

森の暗がりを焼きはらい、そこに住む猛獣を死に追いやったとき、人間の前には、彼らの意のままになる自然がゆたかな姿であらわれた。

ムギやマメやイネ、あるいは果樹など、かつては草むらで女子どもが終日苦労して拾いあつめたヒエやタデ類の種集めや、まわりのクヌギ、コナラ、ノグルミなどの木の実などから、粗放的でも、集落の近くで栽培されるようになった。栽培の方法を知ったということは、人間の知恵が一段と大きく飛躍したことを示している。

はじめのうちは、秋になるとなぜ植物がみのるのか不思議に思ったにちがいない。そのうち、住居の前のあき地などにいつのまにかヒエやキビが（実際には、不注意にこぼした粒から）芽を出し、花をさかせることに気づく人間が出てきたはずである。そして、意識的に種をまくことをおぼえた。しかも、しだいにふえてゆく家族の員数、あるいは集落の人口増がさらに拍車をかけて、植物の栽培をうながしたと思われる。

とにかく、いまから四、五千年前には、世界各地で植物の栽培がはじめられた。それは単に穀物ばかりではなく、主として葉を食べるもの、あるいは根を食べるものなど、多種多様だっ

ナイル川の氾濫

たのではなかろうか。しかも、毎年栽培をくり返してゆくうちには、とくに葉がゆたかで食べやすいもの、あるいは種子が多くみのるものを選別し、それぞれの特長を生かし育てることもおぼえていったにちがいない。のちには、突然変異なども利用して、品種改良ということにも思いついただろう。

そうは言っても、栽培地――畑は、はじめのうちは、川のほとりとか低湿地にかぎられていたはずである。そこは、毎年おそう雨季に川があふれ、上流から肥えた土がはこばれてきて、自然に作物が必要とする養分を供給してくれたことだろう。

エジプトのナイル川流域はその典型的な例である。あの広々とした大地が雨季になると、一面どろの海になった。しかし水がひくと、上流から運ばれた肥えた土壌が堆積し、そこは作物の栽培にもっとも適した土地に変わるのである。古代エジプト文明は、ここに生まれた。

ナイル川ほど大規模でなくても、当時の人間は、このような水に恵まれたところで、木や石でつくった原始的な農耕器具をつかって作物を栽培した。

一難去ってまた一難

やがて、青銅でつくった道具、さらに鉄製の道具がつかわれるようになった。人間のつかう道具が、木や石から、金属へとおおきく飛躍したのだ。おかげで、農耕器具などはそれ以前とくらべものにならないほど、能率の上がるように改良された。

おそらく、鉄の発見は、人間が火を発見した時に匹敵する革命的な出来事だったにちがいない。鉄製のおのやくわ！　自然とのたたかいに明け暮れる人間にとって、なんと心強い味方だったろう。人間の生活は急速に発達していった。このころになると、栽培地も水べばかりではなく、近くの台地へ、さらに山地へと、発展していった。道具の発達と、品種改良、すなわち農業技術の発達はこの傾向をうながしたのである。

日本で現在見られる水田や畑の大部分は、こうして祖先が数千年にわたって試行錯誤をくり返しながらけわしい地形を克服してきずき、定着させてきた努力の結晶なのである。

ところで、人間はこのように家畜——ウシ、ウマ、ヒツジ、ヤギなどを飼育し、その肉や乳

私たちの祖先は、苦労しながら山地に田畑をきずいていった。しかし、自然の保護にはじゅうぶん気を配っている

や皮を利用することをおぼえると同時に、日々の主食となる植物を栽培することをおぼえた。

だが、自然と人間とのたたかいに終止符が打たれることはなかった。猛獣にうちかち、水田に水を貯め、畑をたがやしてイネやムギ、野菜をつくる人間たちの前に、大きく手をひろげて立ちふさがる三つの敵があらわれた。

その一つは肉眼では見ることのできない、バクテリアやカビの類、すなわち微生物、あるいはふつうの顕微鏡でも見ることのできないウィルスによってひき起こされる伝染病であった。コレラ、チフス、赤痢、結核、ジフテリア、破傷風……かぞえ上げれば、まだまだたくさんあるだろう。

猛獣とのたたかいで傷つき死ぬ人間の数は、それほど多くはない。しかし、ひとたびこれらの伝染病がひろがった場合、ひとりやふたりの犠牲で終わることはなかっただろう。比較的最近の歴史をふり返ってみても、数百年前、いや数十年前でも、あるいは開発途上国といわれるところでは現在でも、コレラ、チフスなどの流行によって、一時に一つの町の大部分、数百人、数千人、ときには数万人の人たちが死んでいる。

人間がさまざまな性質やすがたをもつ多様な自然の土地を開墾して同じような畑や水田をつくり、イネやムギや野菜を単植栽培すなわち植物を画一的に栽培することは、生物社会の多様なバランスからいえば、かなり一方的なやり方である。自然の植物にくらべて競争力や抵抗力がよわい作物をひろい範囲につくれば、当然の結果として自然の反発をうける。

畑の雑草

水稲の大敵であるニカメイチュウやウンカ、あるいは野菜など畑作の害虫テントウムシダマシ、ウリバエといった害虫がそれだ。これらは猛獣や毒蛇のように、直接人間におどりかかってくる敵ではない。だが、せっかく人間がつくったイネ、ムギ、野菜などの作物にとりついて、収穫を根こそぎうばってしまう。

それともう一つは、抜いても抜いてもはえてくる雑

草だ。

岡山県の農家の四男坊に生まれた私は、子どものころ、近所のおばさんたちが来る日も来る日も、田んぽや畑で雑草とのはてしない戦いをつづけているのを見て育った。この雑草というやつは、じつに強烈な生命力をもった植物で、いくら抜いてもまたたく間に芽を出してくる。

科学が発達した今日でも、そのことに変わりはない。2・4－Dのような化学薬品、除草薬で退治しても、つぎの年にはそれ以上にはえそろって、農民の手をやかす強敵なのだ。

「雑草をなんとかしなければいけない」子ども心に、私はそう考えた。今日、私が植物学を学び、生態学を研究しているのも、じつはこの雑草が動機だった。

農民の敵は雑草なのだ！　これは科学が発達した現代とは比較にならないほど、初期の農耕民を苦しめたことだろう。はじめに森林と、そして猛獣とたたかって、ようやく田畑を手に入れ、ある種の動物を家畜として手なずけ、未来の生活が安定しかけたように見えた人間の前に、こんどは害虫や雑草といった難敵があらわれたのだ。

この難敵の手ごわさは、ちょっとした観察をすれば君たちにもじゅうぶんわかってもらえるだろう。たとえば庭先に花壇をつくるだけでよい。およそ雑草というものは人が耕し、肥料を与えるところなら、どこにでも顔を出すからだ。君たちがたえず草を抜き、手入れをじゅうぶんにしたとしても、ゆだんをすれば、たちまちメヒシバ、イヌタデ、シロザヤ、エノコログサ、イヌビエ、アオビユといった雑草群に、その花壇は占領されてしまうだろう。このことは沖縄から北海道にいたる全日本の耕作地、いやもっと北半球、いや全地球上で、さまざまな人間活動によって、自然の森や緑を破壊すれば必ず繁茂する大部分の耕作地で見られる現象だ。しかも、やっかいなことに、雑草というやつは、除草されればされるほど、いっそうがんこに芽を出してくる。

同じことは、もう一つの難敵である害虫についてもいえよう。人間がどんなに毒薬をかけてこれらを絶滅しようと思っても、つぎの年にはさらに薬にたいする抵抗力の強い虫があらわれるといったしまつなのだ。さもなければ、いままでまったく無害だと思われていた昆虫が、突然、あたらしい害虫としてわがもの顔に登場したりする。

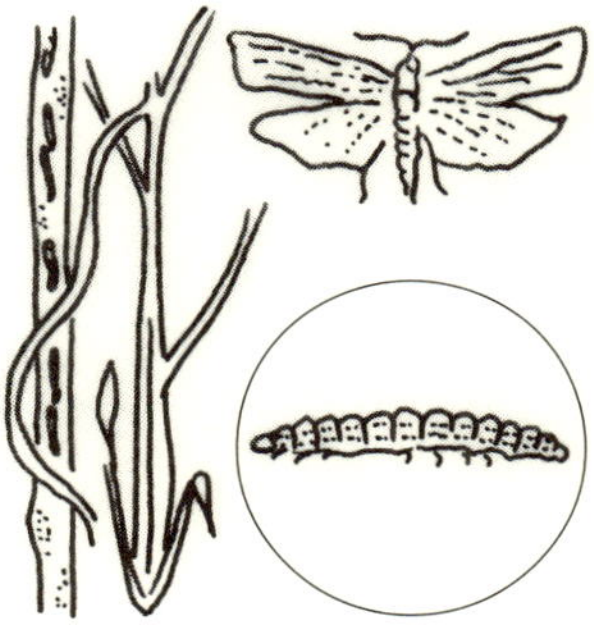

イネの害虫ニカメイチュウ（倍率約〇・八）

こんな例がある。イネにとってもっとも手ごわい害虫だったものにニカメイチュウがいる。この虫は人間が発明した殺虫剤のBHCやDDTなどで、きわめて効果的におさえることができた。ところがどうだろう。つぎの年はニカメイチュウがいなくなったかわりに、それまではほとんどイネの害虫として大被害を与えるほど発生したことのなかったセジロウンカやアカトビウンカなど目立たない存在だった虫が、害虫として大増殖したものだ。

おなじことは、病気の場合にもいえる。抗生物質の薬品ストレプトマイシンが登場してきたとき、これで不治の病いといわれる結核は地上から絶滅させることができる、と大いに期待されたものだ。ところが、やがてこの薬にたいして抵抗力をもった結核菌があらたに登場し、つぎにつくられたヒドラジッドでも死なない菌さえうまれた。結核菌ばかりではない。さまざまな伝染病に似た例が見られる。流感のウィルスのことなど、君たちもよく知っているだろう。

自分自身が敵になった

諸君はこの例を見てどう考える？

なるほど自然と人間の対決とはきびしいものだ、しかし人間は負けはしない……そう考える人が多いのではないか。それはそのとおりだと私も思う。人間はニカメイチュウを追放したように、ウンカだって追放するにちがいない。伝染病もすべて駆逐するだろう。

人間はいまや、ブルドーザーのような巨大な力をもつ機械を従え、荒野をひらき、山をけずり、谷をうずめることもできる。また曲がりくねった川をまっすぐに直して、流れを変えることさえできる。ＢＨＣ＆ＤＤＴなどの薬品によって、人間にとってふつごうな害虫を取り除くことも、２・４－Ｄやもっと強力な２・４・５－Ｔなどの薬品をつかって、自分たちにとって有用な植物を守り、無用な雑草類を破壊しつくすことも可能だ。

むかし、あれほど恐れていた森林も猛獣も、もはや人間の敵ではない。サイやヒョウ、ライオン、ゴリラなどを見るがいい。あんなにも人間に恐れられたこの動物たちは、いまでは人間に保護されて、ようやく地球上のかたすみで滅亡寸前の姿をよこたえているではないか。人間は他の生物とはちがうのだ。

そうだ。森とたたかい、猛獣とたたかい、あらゆる動植物をむこうにまわして勝ちつづけてきた人間に、この称賛の声があびせられるのは当然だ。だが、私はかならずしもそうは考えない。

なるほど人間は彼らが夢みたように、自然を自分本位に改造し、人間以外のすべての生物をほしいままに殺すことができるようにはなった。だが、ほんとうに人間は称賛に価いするほど、他の動物とちがった存在なのだろうか。

彼らが、この地上にあらわれて以来、絶え間なく目ざしつづけた理想郷……手をのばせば、すぐにでもそこへ到達できそうな今この瞬間こそ、じつは人類が一度も出くわしたことのない、それこそ夢にも想像したことのない恐ろしい曲がり角に直面している時代なのだと、私の目にはうつるのだ。

人間は今、自分たちの知恵でつくりだしたものによってみずから傷つこうとしている。これまで相手にしたこともない大敵――それは、人間が他の敵に対決したときにもっとも強力な武器となった技術そのものなのだ。このことは、君たちも身近な例を見て納得するだろう。公害といわれるものは、すべて人間がみずからの手でつくりだしたものだし、原子爆弾などというとほうもない殺人兵器も、人間がみずからを傷つけるように考えだしたものなのだから……。

ヨーロッパ文明の興亡と自然破壊

古代の文明社会が滅んだ意味

自然との長い、きびしいたたかいを勝ち抜いて、人間はその理想郷を手にする一歩手前まで来ている。そんな時代が、人類の繁栄を約束しないばかりか、破滅を予測させる時だなんて！ なるほど、人間にとって、このうえなく便利に見える社会にも欠陥はある。それは認めよう。たいせつな空気や水がよごされ、日に日に土地本来の緑――森は少なくなってゆく。人類の生きてゆくための環境が悪化しているのはたしかだ。でも、いままでいつだって、人間は決定的と思われる危機を乗り越えてきたではないか。現在の環境破壊だって、最後には人間の英知で救われるにちがいない。

私もまた、ぜひそうしなければならないと考えているひとりである。が、人類の歴史や生物

ピラミッドもスフィンクスも、むかしはゆたかな緑を知っていたのではあるまいか?

社会の法則は、私にそう考えることを許してくれない。
　ちょっと飛行機に乗って砂漠の上空を飛んでみよう。ここは、その昔、人類が初期の文明をきずき上げたメソポタミアの上空だ。現在では、はてしない砂漠がひろがっている。でも、注意ぶかく観察すると、砂漠のなかに畑と畑とを区切るアゼ盛りの跡や、縦横にはりめぐらされていた灌漑用水路の跡が、はっきり読み取れる。
　いまでこそ赤茶けた荒野となってはいるが、当時は緑ゆたかな土地だったのだ。その緑の田園を地上最初の文明人は、明るい笑顔でたがやしていたにちがいない。
　それはそうだろう。だれが好きこのんで砂漠のまんなかや、荒れはてた野原に壮麗な宮殿や神殿を建て、畑をたがやし、ヒツジを追ったりするものか。ゆたかに肥えた土地だからこそ人間が定住し、そこに文明を発展させたが、人間は自分の一時的なつごうに合わせて、土地本来の森を、緑を食いつぶしてしまった。その結果、多彩な自然の森は草原に、草原はさらに荒れ野となり、砂漠に変わっていったと見るのがむりのない見方だろう。

ドイツのブフハルト教授の話によると、あのエジプト文明が栄えたサハラ地方の砂漠の面積は、四千年前の文明の最盛期にくらべて、現在では二倍半にふえているという。すると、あの巨大なピラミッドは、つくられた当時はすくなくとも緑の中か、そのまわりにそびえていたのだ。

このことは、私たちに何を語りかけているのだろう。メソポタミアもエジプトも当時の地球上ではもっとも繁栄した文明の中心地であった。この人類が世界ではじめてきずいた文明の楽園が滅亡するなどということは、当時の人びとには考えられないことだったにちがいない。

歴史書には、外敵に征服されたとか、内乱によって崩壊したとか書かれている。たしかにそれも重要な直接の要因であったかもしれない。だが、私は彼らが滅亡したほんとうの原因を、つぎのように考えている。

それは、彼ら古代文明人は爆発的に繁栄しすぎて、自分たちの生活環境を変えすぎたのだ。だから、かえってその時代、その場所の生物社会の秩序に適応できず、だんだんと荒廃し、ついには破滅をまねいてしまった。万物の霊長といわれる人間もまた、バッタや雑草などの生物がたどる道と同じ滅亡への道をたどったのである。砂漠にそびえるピラミッドや荒野によこた

シチリア島のエトナ山の山腹。いまはマメ科の植物がまばらに生育しているだけだ

わる巨大な廃墟は、私にそう語りかけてくる。

それでも人間は緑を駆逐する

それでも、君たちはまだ疑問をいだくかもしれない。エジプトやメソポタミアの文明がほろびたのは四千年前の出来事ではないか。人間は、過去のあやまちを教訓として現在に生かすことができたからこそ、地球上でもっとも偉大な生物になれたのだと。

では飛行機の機首を砂漠からヨーロッパに向けてみよう。ギリシア、イタリア、フランス、スペインからアフリカ北部まで、この地中海沿岸の国々は、赤茶色に荒れはてた裸地の連続だ。いや、そういっては正しくない。空からみると、まばらにだが緑は見える。あれは何だろう。

地上におりて間近に観察してみると、緑の植物だ。しかしトゲのある、葉のかたい草本植物や低木植物なのだ。

なぜこんな植物だけしかはえていないのだろう。そう考えて、はっと気がついた。「そうだ。それだけはヒツジもヤギも食べられないのだ」

この奇妙な荒野の風景は、一千年以上にもわたってくり返された、家畜の過放牧がもたらしたものだ。君たちには、こう言っても家畜放牧のすさまじさが想像できないだろう。私はそれを見たことがある。

地中海にあるシチリア島や、スペインのピレネー山麓など、ヒツジやヤギを飼うことのさかんな地方では、今でもひとりのヒツジ飼いが数百、数千、時には一万頭以上ものヒツジやヤギの群れをひきつれて、のんびりと山野をわたって行く。

その風景は、ただ見物しているだけなら、絵にしたいようなじつに牧歌的なながめである。ヒツジ飼いのちょっとしたつえさばきで、数匹の番犬たちがヒツジの群れのまわりをかけまわりながら、みごとに目的の方向へとみちびいてゆく。一万頭の大群のなかにまじっている三百頭ほどの黒い毛をしたヤギは、首にあきかんをいくつかぶら下げて、カランコロンとのどかな音を山野に響かせながら、ゆっくりと移動している。

だが、彼らの行ってしまったあとのすさまじさはどうだ。足の短いヒツジは、ようやく芽ばえたばかりの若草や木の芽をのこらず食べつくし、足の長いヤギは、三メートルぐらいジャンプすることができるので、ヒツジの口をのがれてやっと大きくなった低木の芽を、あっという

地中海地方でのヒツジの放牧（ピレネー山麓、スペイン）

間にとび上がって食べてしまうではないか。

あとに残ったのは食べられない毒草やトゲのある低木、それに赤茶色の土ばかりなのである。この風景をつくりだした犯人は人間の無計画な過放牧にあったのだ。

まだある。今日なおアフリカ中部にある熱帯多雨林の常緑広葉樹林帯が、まばらに樹木のはえる草原（サバンナ）へと年々形を変え、つづいて半砂漠に変わっている。この砂漠化への速度は年間一八キロメートルの速度だといわれている。このような自然の破壊は、オーストラリアでも南アメリカでもつづいている。オーストラリア大陸も西欧人が家畜を持ちこんで数百年で土地本来のユーカリや南極ブナとも呼ばれるノトファグスの森が、サバンナ（草原にまばらに木が散在している）や芝生状に劣化している。ニュージーランドなどでは、わずか八十年でノトファグス林が芝生状になっている。みんな開発という名のもとにおこなわれる人間の狂気がつくり出したみじめな光景だ。

これで、君たちもおわかりになるだろう。人間は、メソポタミアやエジプトの教訓をすこしも生かしてはいないことが。だが、君たち、いや私たち現代に生活する人間は、この歴史上の教訓を無視することは許されない。いまは、なにをおいても私たち人間の持続的生存、生活基盤としての緑、土地本来の森を回復しなければならない状態になってしまったのだ。

緑の森を回復・再生する試み

もう少し、歴史をふり返ってみよう。地上にホモ・サピエンスと呼ばれる現在のヒト属のヒトがあらわれてから、五百万年と言われている。その中の四九九万年以上は、森の中やまわりで、きびしかったけれど、生態学的には生態系（エコシステム）の枠の中で生きのびてきた。しかし、早期縄文時代、およそ二万年くらい前から、人類は次第に土地本来の緑——森を消費し、自然を破壊させてきた。

古代ギリシアが、そしてローマ帝国が興隆しては滅亡していった。この原因もまた、エジプトやメソポタミアの場合と同じように、彼らが自分たちのふるさとの自然の森、生きている緑を食いつぶした結果なのだ。

ヨーロッパでの林内放牧（当時の東ドイツ、チューービンの森。一九七四年六月）

紀元五世紀ごろになると、ローマを中心としたラテン系民族の文明はおとろえ、かわってヨーロッパ森林民族のゲルマン、スラブといった新興勢力が、文明の担い手として登場してきた。

そして肉食人種である彼らもまた、森林に家畜の放牧をし、火入れをしながら発展していった。それでは、この長い人類の歴史上、人間は一方的に緑を消費しつくしてきただけなのだろうか。そうではない例もある。ほんのわずかではあるが、自然を保護し、緑を再生しようと試みた例があるのだ。

鉄血宰相として名高いビスマルクが活躍した一九世紀後半、プロイセンでは強力な政治力によって、森林内への家畜放牧禁止令、森林伐採禁止令、火入れ禁止令の措置がとられた。

ビスマルクと言えば、植民地争奪戦はなやかな一九世紀に、ヨーロッパの一地方勢力にすぎなかったプロ

パリ、ブーローニュの森。過去の失敗にまなび、市街地のなかにゆたかな森を再生させ、残している

イセンを、世界列強の一角にのしあげた人物だ。その鉄（武器）と血（兵隊）こそが国を強くするとした軍国主義的政策のかげで、森林保護という先見の明をもっていたことには敬意を表さざるをえない。

それから百数十年、この遺産は今日のヨーロッパ諸国にりっぱに受けつがれている。このことはドイツ、オーストリア、スイス、オランダ、スウェーデン、デンマークなどの諸国で、一度完全にステップ（草原）化した平地に、あざやかな短冊状の森林が復元されていることからもわかる。

数年前、私は植物群落の調査旅行をするために、ヨーロッパの国々を一八か国にわたって踏査したことがある。その時、妙なことに気がついた。

それは、スウェーデン、スイス、西ドイツ（当時）、デンマーク、オランダ、オーストリアといった、平地でも緑ゆたかな国土をもった国々では、国民生活が安定し、経済も発展している。ところが、イタリア、スペイン、ギリシアといった緑のすくない国々では、現代では、比較的後進性がつよく、国民生活も前の国々と比較して安定していないように感じられる。またヨーロッパの多くの国々が、別々の通貨をもっていたのをユーロに統一して経済的に発展したが、数年前から経済的にかげりが出ている。その引き金になって足をひっぱっているのが、かつて輝かしい文明が花ひらいた、ローマ帝国のような強大な大国をきずいたイタリア、ギリシア、スペインであることは興味深い。

この現象は偶然の一致だろうか。〝いや、今までの人間の文明が緑の盛衰と同一の軌道を描いているのは偶然ではない。〟現実の自然と人間の多様な相互関係は、ヨーロッパ文明の興亡と変転の歴史について、私にそうささやきかけてきた。

日本人と自然の間柄——昔と今

つい三十年ほど前までは

みわたせば柳桜をこきまぜて
　みやこぞ春の錦なりける

この和歌は、およそ一千年以上もむかしの京都をよんだものである。作者は紀友則《きのとものり》という人。『古今和歌集』という歌集に収められている一首だ。

歌の意味は、秋の錦が山の紅葉なら、春の錦は京の都の柳や桜にあるのだな、というのである。むかしの人たちは、なんと自然ときりはなせぬ間柄にあったことか。

この例のように、むかしの日本人の書いたものには、自然をテーマにしたものが多い。君たちも、古典を読むときに、ちょっと注意してみるとよい。私たちの祖先の生活がいかに自然と親密な関係をもっていたか、よくわかるだろう。

そうだ、そんな昔のことでなくてもよい。君たちのおとうさんや、おかあさんに、おじいさん、おばあさんに子どものころの生活をたずねてみるとよい。

あるおとうさんは話すだろう。夕暮れの原っぱでトンボを追った日のことを……。あかね色に染まった空には、トンボがそれこそ、うようよ飛んでいた。そして一本の糸の両端に小石を結びつけて空に投げ上げると、糸にからみつかれてトンボが落ちてくる。ヤンマも、シオカラも、アカトンボもそうやって取った。アカトンボなどは、指をぐるぐるまわして手で取ることもできたのだ。

また、あるおかあさんは、きっとこんな話をしてくれるにちがいない。村の神社の境内に、たくさんの夜店がならんだ宵祭りの日のことだ。

夜店の明りはアセチレン燈で、いろいろな虫がその火影にむらがっていたこと。帰りの夜道にはホタルの青い光がまたたき、草の間で闇をいろどっていたこと。稲の上をさやさやと渡る風にのってカエルの合唱が耳に痛いほどだったことなどを……。

おじいさんやおばあさんの話は、現在は消えてしまった夢のような日本の自然の姿を追って、まだまだ続くだろう。

セミ取りやカブト虫の採集のこと。ササ舟を浮かべた小川のことから、キノコ狩りやクリ拾いの話。馬や牛に食べさせた青草や、枯れ枝を燃やしたいろりばたの夕べ。川で泳いだ帰り道、木の葉を口にあてて、友だちとふいた草笛の思い出など、など……。

どうだろう。君たち自身の幼年時代とくらべると、昔の人たちはなんと自然と結びつきが強かったことか。あまりの違いに目を丸くしただろう。でもこんなことは、ほんの五十年〜八十年ほど前まではめずらしいことではなかった。東京、横浜、大阪、名古屋といった大都会の周辺でも、普通にあったことなのだ。

今はどうだ。原っぱのあったところには工場の煙突が立ちならび、あかね色に染まった夕空を黒い煙がよごしている。もう、トンボは飛んでいない。

いなかの田んぼ道にも、農薬のためだろうか、ホタル、メダカがいなくなった。カブト虫などは林でつかまえるものではなく、デパートの売り場で買い求めるものになってしまった。工場で製品をつくるように、おがくずの中で飼育されたものだ。虫たちの住み家だった林がなくなり、人間の住宅や工場がとってかわったからだ。草笛をふこうにも、葉の表面にはどんな毒物がついているか、わかったものではない。

どうして、こんなにも日本人の生活環境が変わってしまったのだろう。それを考える前に、私たちの祖先が、どんなふうに自然と結びつきながら生活を発展させてきたか、それを見てみよう。

祖先の知恵

一口に言ってしまえば、私たちの祖先である日本人は、たいへん賢明な民族だった。私たちが現在こうして繁栄していられるのも、祖先が人間と自然の関係を、じつにたくみに調和させた環境づくりに成功したおかげなのだ。

といっても、日本人がはじめから賢かったわけではない。私たちの祖先もまた、他の国々の祖先たちと同様に、まず川ぞいの沖積低地のような生活条件のよいところに住みついたことだろう。そして、森林を開発しようとして火入れなどをおこなったことも、まずまちがいない。

ただ、それからがヨーロッパの国などとくらべて違うのだ。

私たちの祖先は、二千年という長い年月をかけて、その土地土地に応じた環境づくり、むりの少ない自然利用をしてきた。

水の便のよい低地にはあぜをきずいて水田をひらき、まわりのゆるい斜面は、森を開墾して

富士山麓《さんろく》のススキ草原

畑をつくる。その一方では、炭を焼いたり、二十年に一回伐採して、切り株から再生させる。二〜三年に一回は下草刈りをして田畑にすきこんだり、牛小屋に敷いて厩肥として有機肥料をつくり、利用してきた。化学肥料などまったくない時代だ。今では里山の雑木林と呼ばれている、たきぎをとるための二次林を残してきたし、草ぶき屋根をふくためのススキやネザサを確保するために、カヤの原やススキ草原を残しておく。しかも、この林や草原は、三年に一回、または四年に一回というように定期的に草刈り、または火入れする地域と定められていた。だから繁茂しすぎることもなく、絶滅するおそれもなく、理想的に自然を管理し、共存してきたわけだ。なんというみごとな共存であろう。現在では、里山《さとやま》という言葉で残されているにすぎないが。

祖先の英知はまだある。人間社会は条件がととのうと、村から町へ、さらに大都市へと発展してゆく。すると、神社や寺、城などを中心にして、かならず集落や町のなかやまわりに自然の森を残しておくか、またはその土地に応じた郷土種であらたにふるさとの森を再生していった。

東京、大阪などの大都会では、いまではそういう森もあまり見られなくなったけれど、君たちが、おとうさんやおかあさん、おじいさん、おばあさんの郷里をたずねたときには見たことがあるだろう。神社や寺の裏山に、こんもりと繁った森があるのを。

そこへゆくと、スギやヒノキやアカマツの類の木が、むかしの人の手で植えられてもいるが、その土地固有の自然木、つまり郷土種が生育している。関東地方でいえばシラカシ、アラカシ、さらに関西地方ならばウラジロガシ、イチイガシが加わる。奄美群島・沖縄ではアマミアラカシ、オキナワウラジロガシなどの木々の小樹林が、なつかしい故郷の風景の中心としてそびえていたのだ。

また、古い農家や大名屋敷、武家屋敷などむかしの建物のまわりには、きっと林（屋敷林）や並木があって、建物と切り離しては考えられない関係にあったものだ。この屋敷林に植えられる木は、関東でシラカシ、アラカシ、ケヤキ、モチノキ、ネズミモチ、関西でイヌマキ、アカガシ、シイ、クスなどで、その土地の環境条件にもっとも合った木が選ばれている。これらの木々は、単に郷土のシンボルとして生育していたのではない。火災、洪水とか、台風、地震など自然の災害から人間をまもるのに、大きな役割をはたしていた。むかしの人たちは、自然の緑が自分たちのいのちと生活にとって欠くことのできないものだということを、長いあいだの経験でよく知っていた。

だから、人間の集落から離れたところには、たとえ破壊されて荒廃した土地があっても、自分たちの住んでいる村や町の中や周辺には立体的な緑、ふるさとの木によるふるさとの森を残し、つくり、守るくふうをしてきた。

飛鳥遺跡の近くに残された自然の森

君たちには、こんな経験がなかっただろうか。

「神社の森にはいると罰があたるよ」などと、おじいさんに注意された経験が。

「なんだ、バカバカしい。神様の罰だなんて」もし君がそう考えたとしたら、ちょっと待ってくれといいたい。

「そんなことは迷信だ」と言いながら自然を破壊しつづける現代人と、神をおそれながら人間に必要な緑、木々や、ふるさとの森を守ってきたむかしの人と、どちらが英知の持ち主か、かんたんには言いきることはできまい。神社や寺のある場所を聖域として、許しもなく人がむやみに立ち入るのを禁じたのは、緑をまもるための祖先の知恵だったかもしれないのだ。

このような自然の緑と人間の調和。それを私たちは、むかしの日本のいたるところで見ることができる。村でも、町でも、もっとも人の集まった江戸、京都、鎌倉という古い日本の政治の中心地でも、さらにさかのぼって飛鳥《あすか》遺跡や藤原宮跡など、古い日本の都市まで、いたるところで祖先たちの知恵の跡を見つけることができる。

私が研究している、おもに植物群落とその環境との多様な相互関係を究明する植物生態学、植生学、植物社会学の立場から見ても、過去の日本人の生き方は、世界の民族のなかでも、もっとも賢明に土地固有の森と文化を発展させてきたものとして高く評価できる。人間がひとつの生きものとして住むために、人類生存の基盤である、ふるさとの森を守り、創りながら、じつにたくみに自然を生活のなかに取り入れているからだ。もっとはっきり言えば、他の生物たち、たとえば、ふるさとの森の高木も亜高木も低木も下草も、鳥獣も、虫も、さらに土の中のカビやバクテリアなどの微生物群まで、さまざまな生物がいっしょになって、共に少しがまんしながらも、共存できるような生存環境を、私たちの祖先はつくり上げていたのだ。そして、そのことは、たいへんすぐれた知恵なのだということを、重くみたい。

今日、日本が経済大国と世界に誇れるようにまでなった、あの力強いエネルギーの潜在貯蔵庫は、勤勉な私たちの祖先が長い時間をかけて、慎重にやしなってきた、ふるさとの木による、ふるさとの森――鎮守の森などの緑の環境のなかにひそんでいたのだ、と私は断言する。

西洋文明との競争のなかで

かしこい祖先たちのおかげで発展した現代社会を、すこし冷静にながめてみよう。

東京や大阪などの都会を見ると、高いビルの群れ、そのあいだを縦横に走る高速自動車道路。大都会を結ぶ新幹線、高速道路。また、北は北海道の苫小牧《とまこまい》や室蘭《むろらん》から、南は沖縄の那覇港はじめ九州の大分、志布志湾《しぶしわん》におよぶ巨大な埋立て地、掘割港、海沿いの産業コンビナート群。むかしの人たちがながめたら腰を抜かしそうなコンクリートと鉄と煤煙のこの景観は、明治以来わずか百年少々のあいだにつくり出されたものである。

なぜだろう。なぜ、こんなにも日本は変わってしまったのか。私たちは自然と手をたずさえて生きてきた日本人の後継者ではないか。あの日本民族固有の、自然を友とする生き方はどこに消えてしまったのだろう。すべては明治からの百年少々の出来事なのだ。

明治時代――君たちも、歴史の本などでおなじみだろう。坂本竜馬や桂小五郎などの活躍で、やっと開いた近代日本の夜明けの時代だ。

　徳川幕府による二百五十年間の鎖国状態から解放されて、日本は世界の文明国の仲間入りをした。だがこの時代は、あたらしい日本をしずかにしておいてくれるような時代ではなかった。植民地主義（帝国主義）の時代といって、強い国が自分の国の利益のために弱い国をむしり取り合うといった、いわば世界の戦国時代だったのだ。そのとき日本では、君たちの曾《ひい》おじいさん、あるいはもう一代前ぐらいの人たちが生活していた。

現代都市を象徴する高速道路と高層建築

　そのおじいさんたちは、どうしたと思う？　そうだ。日本を食いものにされないように一生懸命だった。それには、ヨーロッパやアメリカなどの先進国に追いつき追い越すことが、さしあたっての最必要事だったろう。

　曾《ひい》おじいさんたちは、文明開化の旗印をたかく掲げ、学問を、技術を、どんどん採り入れた。その結果、いわゆる西欧文明が音をたてて日本に流れ込んできたのだ。

　あっという間に、日本は経済の力でも、産業の力でも、そして軍隊の力でも、世界の一流国と肩をならべるまでになった。そのおそろしいまでの速さには、世界じゅうが目を丸くしたほどだ。

が、君たちのおじいさんや、おとうさんの代になって、大きなおろかしい行為をしてしまった。戦争だ。日本は負けた。背伸びに背伸びをかさねてきた私たちの国は、またゼロから出発しなければならなかった。だがどうだ、世界はもう一度おどろいた。

焼け野原となった日本の国土に、高いビルが建ちならび高速道路が走るのに、二、三十年とはかからなかったのである。

そして私が最初にこの本を書いた、今から四十年前からみても夢にも見なかったほど、情報産業も発達して、カラーテレビ、ケイタイ電話、さらに君たちが物心ついた幼少時代から、両親や祖父母に、情報のかたまりのような、手のひらに入る小さな機具（スマートフォンなど）で、ボタンを押せば好きなものがすぐ見られ、ゲームの中で殺してもボタン一つで生きかえるようなバーチャルな世界で育っているから、それが当り前のように思っているだろう。

いまや私たちの国は、すくなくともその経済発展ぶりで、世界第三位にランクされている。世界第一流の文明国といって恥ずかしくない。

なるほど、私たちの国は大きな病院をいくつも持っている。学校の数だって大したものだ。ほしいものはお金を出せばなんでも手に入れることができる。ゲーム、ボーリング、映画、テレビ、娯楽にはこと欠かない。交通機関も発達して、わずかな時間で、足もつかわないで目的地に行ける。まさに、かしこい祖先の後継者の名にそむかない活躍ぶりではないか。

でも、そんなに有頂天になっていて、ほんとうによいものだろうか。君の身のまわりを、もう一度じっくりと見渡してみたまえ。緑が少なくなってはいないか？　トンボもバッタも姿が見えないではないか。こんなことを言うと、「なにをばかげたことを言うんだろう。むかしは恐ろしかった病気も、文明のおかげで直せる。雑草だって害虫だって、あたらしい殺虫剤、除草剤などの化学薬品で退治できる。ハエやカやノミには苦しめられない。多少の緑がなくたって、トンボやバッタがいなくなったって、むかしよりはずっといい」そう言いたい人も多いだろう。

では、たずねよう。君たちの周囲にはゼンソクで苦しんでいる友だちはいないかな？　光化学スモッグにやられた友だちはいないかな？　こういった友だちは、人間のために便利でありさえすればよいという考え方でつくられた社会そのものによって、傷つけられた不幸な犠牲者なのではないか。

ほんとうに失ったものは、多少の緑とトンボだけなのだろうか。いや、緑だけ、トンボだけなどといって、すましていられるのだろうか。その奥に、じつはもっと大きな意味、深刻な危険信号がかくされているのではなかろうか。

待てよ、第一、トンボやバッタが生きてゆけないような環境で、人間だけがなんの変わりもなく生きてゆけるのだろうか？　実際、私たちは、これからどんな社会にゆきつくのだろう。どんな都市に住み、どんな奇抜な新製品をつくり出し、どんなウルトラモダンな生活をするのだろう。

未来都市にたいする夢と現実

未来は何色？

君たちのなかには、未来のことをいろいろと想像する人がいるにちがいない。そして、その想像のしかたには、おおきく分けて二通りあると思う。一つはバラ色の未来派、もう一つは灰色の未来派である。

バラ色派はこう言うだろう。

わずか百年前までは、旅をするのにかごや馬や自分自身の足にたよるしか方法のなかった日本人。それが今では、時速百キロの自動車、二百キロ、三百キロの電車、そして音の速さ以上の飛行機を利用するまでになった。

私たちの日常生活のどれを取りあげても、むかしの人なら驚くことばかりである。電燈は人間を暗闇の恐怖から救った。電信、電話の発達によって、何百キロ、何千キロと離れた場所とかんたんに話し合うことができる。新聞や出版、テレビなどのマスコミは、家の中にいながらにして、世界じゅうの情報を知らせてくれる。さらに今では、この本を手書きで書いたわずか四十年前には、一般の人たちには想像もつかなかったほど発展して、小学生でも持っているスマートフォンなど手のひらに入るほど小さなコンパクトの機具で、ボタン一つで何でも好きなものが見られる。

近代的なビルディングの内部は、夏も冬も人間にとって快適な温度にたもたれている。そこではたらく人間たちは、コンピューターなどの機械をつかって、むかしなら何か月もかかった仕事を、わずか数分以内でかたづけている。

電気掃除機、電気洗濯機、電子レンジ、電気冷蔵庫、スマートフォンなど生活機具、情報機具も、あらゆるものが人間にかわって能率的にはたらいてくれる。

それどころか、もう宇宙時代がはじまって人間が月にまで行ける時代となった。この調子で文明が進んでゆけば、あらゆる欲望や願いをすべてかなえてくれる、便利きわまりない、人間だけの地上の楽園が完成する日も遠くはあるまい。

いっぽうの灰色派はどう言うだろう。

たしかに、昔にくらべれば人間の生活は便利になった。だが、そのために払った犠牲もけっして少なくない。

たとえば都市生活だ。これはバラ色派の人たちが言うように、人間のためになるあらゆる施設、道具が集中していて、生活しやすい。しかし、公害、自然破壊、環境破壊などという人間の生命をおびやかす問題が出てきているではないか。

私たちの仲間はゼンソクに苦しみ、道路わきの並木は、やっと生きているという状態だ。東京ではもはや、モミの木もアカマツも消えてしまった。比較的緑の多い明治神宮外苑の、それも公害に強いといわれているイチョウの木が、二か月もはやく落葉するという。この異状な現象は、なにが原因で起こったのだろう。

日常の生活に便利な環境をつくることにだけ一所懸命になったあまり、かんじんの人間が生きてゆくためのいのちをつなぐ環境づくりをおこたったためではないのか。これでは、順序が逆だ。人間は、なんのために知能をかたむけて文明をきずいてきたのかわからない。

自動車や工場の出す排気ガスのために、空はいつも灰色ににごり、雨が降ればすすでよごされた黒い雨が降る。このまま進むと、人間は地上では生活できず、地下にもぐって住み、昼間でも電燈の下で過ごさなくてはならない。外に出てゆくときは防毒マスクに身をかため、プラスチック製の人工植物の下でデートする。これではいくら日常生活が便利になったとしても、払う犠牲が大きすぎるではないか。——これが灰色派の描く未来像だ。

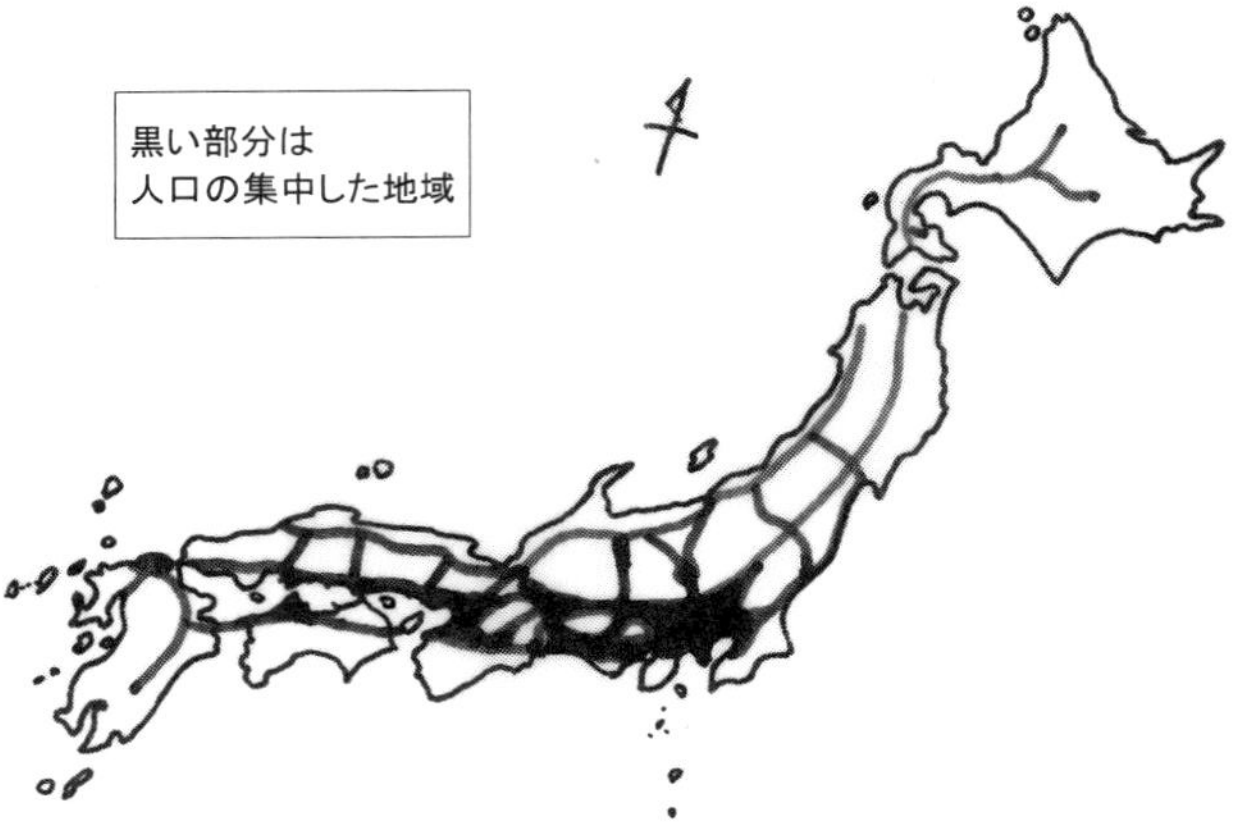

東海道メガロポリス

ところで、君はバラ色の未来派かな？　それとも灰色の未来派かな？　どちらにしても、人間はホタルやモミの木とおなじ生物の一員だという動かすことのできない冷徹な事実を承知しておいてほしい。どんな便利な文明も、人間の生命があぶなくなっては、砂の上に建てられた高層建築みたいなものなのだ。自然の環境をじゅうぶん確保し、人間の生命と精神を積極的に保証することを忘れた技術文明は、未来を灰色に染める。いや、もっと強く黒色といってよい。すくなくとも、今のままで社会が進んでゆけば、人間の未来は絶望的なものとなるからだ。その理由をこれから考えて行こう。

からだが環境の変化についてゆけない

南の福岡から、北の札幌まで、この小さな日本列島には、人口三十万以上の大都市が五十以上もひしめいている。とくに大阪から東京まで都市がほとんど切れ目なくつづいた太平洋岸の地帯は、東海道メガロポリスと呼ばれる一大人口集中地だ。メガロポリスというのは、これまでの都市（メトロポリス）の物差しでははかりきれない、もう一つ単位の大きな帯状の都市といってよいだろう。このような例は世界でも類がない。

現在まで人間は、生活が豊かで便利なものになるように、都市を建設してきた。このことに限って考えるならば、日本のような狭い国土に、これだけの大都市があることはすばらしいことかもしれない。人間にとって住みよい環境（一時的にではあるが）がふえてゆくことだからだ。ただ私には、そこに一つだけたいへん重要なことが見落とされているように思える。

それは、私たちがどんなに現代文明の粋をあつめて、人間にとって便利な人工環境をつくり上げていったとしても、私たちのからだは三千年前の人間たちとほとんど変わりがないということである。一日に食べる食物の量、喜びや悲しみの感情、もっと言えば考え方にいたるまで、人間のやることは現代人も古代人も、いや石器をふりまわしていた原始人も似たようなものなのだ。

このことから考えても、かんたんに想像できるだろう。私たち人間が、大都市という人間にとってこのうえなく便利な人工環境をつくり上げても、私たちのからだは自然の環境を断ち切ったところではまったく生きてゆけないのだということを。

私たちのからだは、けっきょく、自然界の生命集団のなかの一つでしかない。残念ながら、科学や技術が進歩するように急激には、肉体は進化も変化もしないのだ。だから、文明の進歩につれて自然が破壊され、環境が汚染されていくようなら、人間のからだはそれに順応できず、滅んでゆくしかないことになる。

では、人間の未来はまったく救いのないものなのだろうか。私はかならずしもそうは思わない。だが、それは簡単なことではない。具体的にこうすればよいという方法は、これから君たちや私たちでさがしてゆかなければならないだろう。

ただ、二つだけ確実に言えることがある。

その一つは、人類が真の発展をとげるための未来都市は、これまでのような物質文明中心の考え方では見つからないだろう、ということ。

もう一つは、生きものとしての人間が、その生活の中にいかにたくみに自然を採り入れることができるか、ということ。つまり緑の樹木がすくすくと育ち、そこで小鳥がさえずり、草花が大地を色どるような生活環境を都市のなかに復活できるか、に人類の運命がかかっているということである。

そこで私は、もう一度君たちにむかしの日本の都市を思い出してもらいたい。そこは人間がコンクリートや鉄をつかって、一気につくり上げた都市ではない。数千年の長い時間をかけて、それぞれの土地の自然となじみながら、固有の文化をはぐくんできた都市である。そこにこそ、人類の未来の発展の可能性があると私は思う。

まえにも言ったとおり、日本は明治以来外国におくれを取るまいと急ぐあまり、日本民族固有の生き方を忘れすぎた。ヨーロッパやアメリカの技術文明、物質文明を採り入れようとするあまり、払わなければならない犠牲に目をつぶりすぎた。その結果が自然破壊を呼び、公害となってはねかえってきている。いのちを守る環境を破壊し、ローカルからグローバルに自然の循環システムを変えている結果を原因の一つと考えざるをえないような現象が今、頻発している。日本各地から世界各国、各地のくりかえされる自然災害、台風、洪水、地震、津波、大火、さらにハリケーン、竜巻、火山爆発、異常気象によると言われている時ならぬ豪雪、豪雨、干ばつなどになって、はねかえってきている。

いまや人間の技術的な生産活動などは、局地的には自然がささえきれないほど巨大になってきている。さらに四十年たった現在では、地球規模の自然災害や新しい病原菌などによる治療困難な死の病などが、各地で起きている。

君たちが海や山へ行くと、あらゆるところにビニールの袋やプラスチックの容器などのゴミが捨てられているのを見るだろう。こうした人工の造成物は、放っておけばそのうちに、くさって形がなくなり自然にかえってゆく、というものではない。この一例からもわかるように、自然から生産したものが、やがてまた自然にかえってゆくというサイクルが壊されてしまったことがわかるだろう。

そうは言っても、なにも私は現代の文明の全部をいけないものだと決めつけているわけではない。今からむかしの不便な生活にもどれといっているわけでもない。いそいで目標を達成しようとして、だいじな問題を忘れるなと言いたいのだ。いまこそ自然が許す範囲、それぞれの地域で、地球規模のいのちの循環システム——生態系——の枠内で、都市生態系（アーバン・エコシステム）、産業立地生態系（インダストリアル・エコシステム）が、持続的に維持できる枠内で、自然を開発し、産業を発展させてゆくべきである。

また、私たち人間も含めた地球上のすべての生活・生存を支えているいのちの森を、私たちの生活域のすべて、とくに大都市や新産業立地、交通施設、学校などの教育施設、公共施設などの中やまわりに、潜在自然植生にもとづく土地本来の森を積極的につくり、守り、育てるべきだ。そして、ふるさとの森、郷土の緑ゆたかな、あたらしい人間の持続的な生存・生活環境を積極的に再生、創造しよう。まず生存環境の保証の枠内で、まちがいの少ない生活環境の改善、産業の発展、豊かな町や都市づくりをはかろうではないか。

3

もし緑の植物がなくなったら

自然のなかでの人間の位置

人間は考える葦である

これまで私は君たちといっしょに、自然と人間の関係が、どういうものであったかを見てきた。すなわち、人間は今日まで自然を人間の敵と見、対決するものとして生きてきた。〝力〟ということだけで考えれば、人間は一頭のライオンにも、いやもっと小さな毒へビにも勝つことはできない。その人間が、最初の敵であった土地本来の森林を絶滅に近いまでに破壊し、猛獣や毒へビにも打ち勝ってきた。いまや、人間は生命をおびやかすあらゆるものとのたたかいに勝とうとしている。微生物が原因の病気も、難敵であった害虫も、酷熱の気候も酷寒の気候も、すべて人間の前には敵ではなくなろうとしている。

いまでは人間が住むのに、これほど便利な環境はないと思われる都市もつくり上げた。しかしその結果として、人間は自分の能力がつくりだした、さまざまな、かつて考えられなかったあたらしい害毒に悩んでいる。

この不思議な人間とはいったい何なのだろう。この地球上に無数に生きている生物のなかの王者、人間とは、自然のなかでどういう位置にあるものなのだろう。

フランスの哲学者パスカルが、人間を一本の弱々しい葦にたとえて言った有名な言葉は、君たちも知っているだろう。

「人間は一本の葦にすぎない。自然のなかでもいちばん弱いものだ。だが、それは考える葦である。これを押しつぶすには、全宇宙はなにも武装する必要はない。一吹きの蒸気、一滴の水でも、これを殺すに充分である」

それほど弱い人間が、地球上の王者になったのは、人間が自分の弱さや限界をよく知って行動できるから、つまり葦のように弱くても、考える能力があるからだ。

だが、ほんとうに人間は考えぶかい動物だろうか。たしかに人間は他の生物には見られない固有の能力をもっている。物をつくり出し、知識をあつめてつぎの時代の人に伝えるといった能力は、他の生物にはないものだ。それでも、人間の歴史をふりかえって見るとき、パスカルの言うように、自分の弱さを自覚している人間が何人いただろう。なんとうぬぼれた動物よ、おまえたち人間は！　といいたいではないか。

現に、かずかずの欲望を満たす手段をこれだけ発達させた人間が、そのために公害や自然破壊、そして現在ではより深刻なローカルからグローバルでの環境破壊などという形で自分自身を傷つけているではないか。これは自分の弱さを自覚するどころか、すべての自然は征服でき、どんな生物の生死も人間のためには自由であり、宇宙まで征服しつくせると誤信する、思い上がった結果ではないのか。

意地の悪い言い方をすれば〝万物の霊長〟などといってうぬぼれている人間なんて、形も姿も見えない空気とほとんど変わりがない。こんなことをいったら、君たちはびっくりするかもしれないけれど、ほんとうなのだ。

空気は窒素と酸素と炭素と水素、それにアルゴンやヘリウムなどといった稀少元素から構成されていることは、学校で習って知っているだろう。私たちのからだも同じように、大部分は空気の組成とおなじ窒素、酸素、炭素、水素の四元素から成り立っている。このことは、人間が死んで焼かれると、ほんの一握りの灰（カルシウムや鉄などからなる成分）を残して、あとは煙となって空気に溶け込んでしまうことからみてもわかる。人間も結局は生き方からも、からだの構成元素から見ても、自然の生物というワクの中からはみ出ることはできないのだ。

だから、どんなに人間が自然界と対決して圧倒的な勝利をおさめたいと願っても、自然を破壊しつくすようなことにでもなれば、もう生きてゆくことはできない。今や地球上の全生物――生きもの――たちのトップにいると、多くの人は意識的にも、無意識のうちにもうぬぼれている。私たち人間が真っ先に、最初に破滅する危険性が高い。

永遠に人間の天下がつづくように見えるけれど……

紀元一世紀のころ、この地球上には二億五千万人の人間しか生活していなかったといわれている。それから人口はすこしずつ増加していった。それでもその速度はきわめてゆるやかで、その後千六百年を経た一六三〇年になってもやっと四億。二倍にも達しないほどだった。これは、自然と人間との力の関係で、まだまだ人間が弱く、食糧やその他の生活に必要な物資の生産力が小さかったからだろう。

ところが、十八世紀後半から十九世紀の前半にかけて、イギリスで産業革命という社会の大転換が起こって以来、その火の手は全地球にひろがり、自然と人間の関係は逆転した。生産力が飛躍するにつれて、地球上の人口増加にも拍車がかかったのだ。二倍、四倍、八倍とネズミ算式にふえだした人口増加のカーブは、垂直に近い曲線を描きながら、わずか二百年のあいだに三六億の人口を数えるまでになった。現在、地球全体では毎日二十万人の人口がふえつづけている。

人間の生産力が伸びて、人口がふえる。結構じゃないか。人類がますます繁栄する証拠だ、とだれでも考えるかもしれない。

だが、この現象を生物社会の一般的な傾向として見るならば、けっして喜ばしいこととばかりはいえない。試みに、シャーレでバクテリアを培養して実験してみたまえ。じゅうぶんな栄養と快適な温度をあたえると、バクテリアは急速にふえながら自分たちが生活しやすいように環境を改善してゆく。だが、とくにシャーレの中ほどの一番生息しやすいところが、凸レンズ状にもり上がって、バクテリア生存の最高条件で、もっともバクテリアが繁殖している生存環境が、最適条件を越して最高条件に達すると死の世界が待ち受けている。バクテリアの数は最高であるまん中が、突然凹レンズ状に、死の中心——デス・センターと呼ばれるように、急に減るのだ。

　ここでむずかしい用語がとび出したので説明しておこう。**最適条件**とは、生物集団が生存してゆくのに、生理的にはいちばんよい条件がととのう少し手前の、ややきびしいが環境と個体数のバランスがとれた状態をいう。いっぽう、**最高条件**とは、最適条件を通りこして生理的にいちばん生活しやすい状態がと

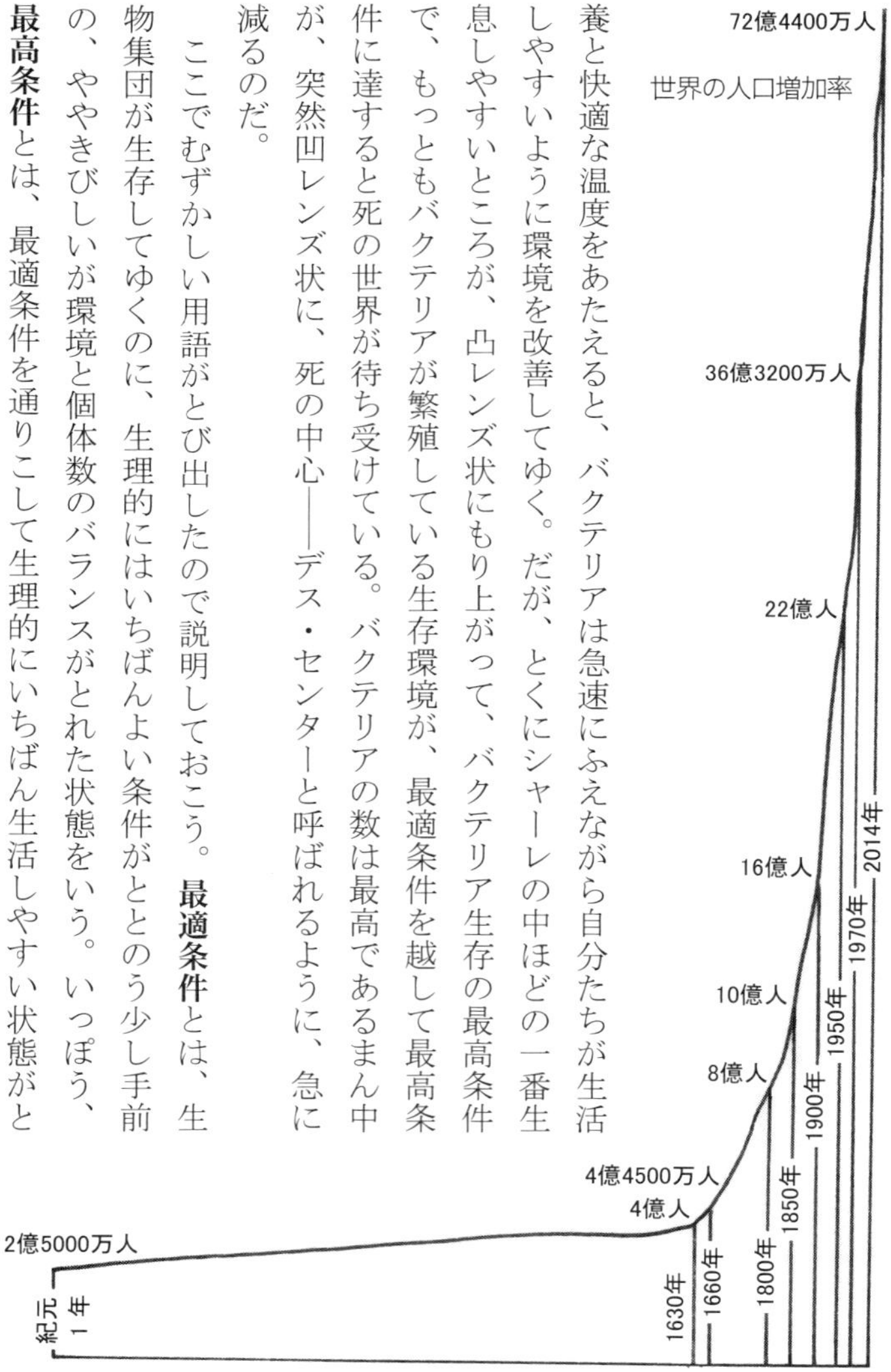

とのったため、個体数がふえすぎて過密状態になることである。

このようになるのは、なにもバクテリアに限ったことではない。昆虫でも雑草でも、生命をもった集団（社会）なら、どんなものでも避けることのできない宿命である。

「いや、人間だけは別さ。人間が今日あるのは、知恵という強力な武器と、つねに進歩を求めてやむことのない向上心によるものなのだから」、もしこのように考えている人がいるとしたら、それは実はかならずしも全面的に正しくない、一面的な思い上がりだと思う。

この世に生を受けたすべての生物は、動物であれ、植物であれ、みんな自分や自分の仲間たちがよりよい生活を送れるように、環境を改善しようとするものなのだ。

それでもなお、たしかに人間は、他の生物とはちがった能力をもっている。だがその能力も、他の生物と同じように、まず生き物として生きてゆけるという最低限の環境が保証されて、はじめて発揮できるのだ。そこを忘れてはならない。

『西遊記』という中国の物語に出てくる主人公の孫悟空《そんごくう》は、かずかずの超能力をもっている。その彼が、どんなに力をふりしぼっても、天下をとったつもりでいても、気がついてみるとお釈迦さまの手のひらから出ることはできなかったという。地球上の人間も、他の生物にはない力をもっている。だが、どんなにいばってみたところで、大気圏と地圏とのあいだに横たわる薄い、生きている緑色の膜（生物圏）のなかでしか、すくなくとも今のところ持続的には生活できない。人間もけっきょく孫悟空のようなものなのだ。

ホモ・サピエンス（Homo sapiens）という言葉がある。現在生きている人間の生物学上の呼び名だ。ホモは〝人間〟を、サピエンスは〝知恵のある〟という意味をもつラテン語だ。人間は、誇りをこめて自分たちの呼び名をホモ・サピエンス（知恵のヒト）とした。だが、人間がほんとうにこの名に価するかどうか、答えはまだ出ていない。あくまでも自然と対立し、人間だけで繁栄しようとして、すべての共存者である緑の植物も動物も微生物群も殺しつくして、みずからも破滅するか、あるいは、自然のなかの一員として他の生物と共存しながら生きてゆくか、どちらを選ぶかによって答えが違ってくるはずだ。

いまこそ、私たちは自覚しなければならない。生物の一員である人間が生きてゆくためには、緑の植物はもちろんのこと、身近な動物たちや、目に見えない微生物群とも共存してゆかなければならないことを。なぜなら、自然のなかで占めている人間の位置は、なにも特別に高いところにあるわけではない。あくまでも地球上の生物圏で、あらゆる生物が分け合っている生命活動の環のなかの一部を占めているにすぎないのだから。

すべての生物は、自分の競争相手にうちから、その相手（実は共存者）を絶滅した瞬間に自分自身もまた滅びるという、あの生物社会の冷厳な秩序は、また人間の場合にもあてはまる。

この不思議な秩序が、自然界のなかでどんなふうに組み立てられているのか。この章では、そのしくみを見てみよう。

生物共同体とは

人類の運命を開く扉のカギはどこに

現在のように人間本位の文明をあくまでも求めつづけていったら、やがて人類は滅亡してしまうだろう。私はこれまで、くどいほどそのことをくり返してきた。でも、君たちの中には、なんとなくまだ信じられない人がいるのではないか。でも、それはあたりまえだ。私だって、そういう人間の中のひとりだと言えるかもしれない。

人間とはじつに奇妙な動物で、ガンのような不治の病いにかかった患者でさえも、最後の最後まで、自分が死んでしまうなどとは考えにくいものなのだ。理屈ではない。理屈だけでいえば、私も君も、人間というものは生まれ、育ち、やがて死んでいくだろうということぐらいは理解できる。だが、実感として自分が死ぬなどということを信じたくない。信じることはできない。

正直に告白しよう。生物学を二十年近く研究していた当時の私でさえも、両親が健在なあいだは自分の死などについて（客観的にはわかっていても、主観的には）本気で感じることができなかった。三年まえ、八十歳で父が死んだという一通の電報を郷里岡山から受け取り、そして父の死に顔を見たとき、はじめて「やはり、ぼくも死ぬんだ」と、その時はじめてしみじみ実感をもって考えた。たとえ愚かといわれても、それが人間というものかもしれない。

問題が個人の場合であろうと、人類全体にかかわる場合であろうと、そのことにはたいした違いがない。個人に一生があるように、種族としての人類にも一生がある。中生代の代表的な動物だったギガントサウルス（巨竜）も、君たちになじみの深いマンモスもかつて地球を制覇するほど栄え、そして滅びていった。人類も生命をもった存在であるかぎり、例外となることは許されないはずだ。やがて滅亡する時が必ずやってくるだろう。

こんなことを言うと、君たちの中にはやけっぱちな考えを持つ人もいるかもしれない。「どうせ滅亡するなら同じことじゃないか。その日が近い将来にやってくるか、遠い未来かの違いだけなら、ともかく現在だけでもたのしく生きたいものだ。自然を破壊したって、しなくたって、結果がおなじ滅亡の運命なら、たのしく便利に暮らすことがなぜ悪い？」と。

違う！　それはまちがいだ。

私たちが、今日このように繁栄していられるのも、祖先たちが残してくれた有形無形の努力のおかげではないか。とくに私たち日本人が、現在地球上で第三位の生産力を誇るような国に住んでいられるのは、私たちの力ばかりではない。祖先たちが郷土の自然をまもり、生きてい

消えてゆくアカマツ林。いまは都会ではまったく見られない

る緑の森をたいせつにして、多様な人間の生存環境をじゅうぶん残し、確保してくれたからこそなのだ。わたしたちだけが、子孫のことなど構わないなどとは言えないだろう。

第一、君たちがそんなことを言っていられるとしたら、それは〝人類最後の日〟がやってくるにしても、実際にその現場に立ち合うのは自分ではない、と漠然と思っていられるからだ。しかし、考えても見たまえ。私たちが、高度な文明と、ほぼあらゆる欲望が満足できるような便利な生活をたのしんでいる同じ時代に、地球上のさまざまな場所で自然破壊がすすみ、公害に悩まされる声が日々たかまっているではないか。〝人類最後の日〟を予測させるような徴候は、すでに局地的にはあらわれているのだ。

人類の滅亡する日——それは大多数の人びとが考えているように、遠い未来のことかもしれない。が、小範囲のなかでは明日かもしれないのだ。すでに日本各地、世界の各地で、あらゆる予測を超えて、毎年ではない、毎月、毎日のように、大小の、住民のいのちを奪う自然災害、また人間どうしの殺し合いもあとを絶たない今日、この頃ではないか。

デモールというドイツの有名な生態学者が言っている。

「人間のもっとも愚かな点は、自然や生活環境を破壊して衰退し滅亡した他の民族のあやまちや失敗の例から、けっして学ぼうとしないこと。自分たちも悲劇のなかに陥るまでは、おなじ失敗を何回でもくり返すことだ」

私たちが、いま努力して、自然や生活環境を保護したり、回復したりすれば、メソポタミアやエジプト、ギリシア、ローマ帝国の例をくり返すことはないだろう。滅亡する時期も、近い将来のものは遠い未来にすることができる。遠い未来にあるならば、さらにさらに遠い未来に延ばすことができるだろう。そうでなければ、われわれ人類は、なんのために英知を授けられているのかわからない。

人類の運命を近い将来に終わらせてしまうか、それとも遠い未来につなぐことができるか、そのカギは現代に生きるすべての人間がにぎっている。そのカギとは、私たち人間が自分たちにとって、その場かぎりでは便利でつごうのよい生活条件づくりをして、植物や昆虫など生物社会の共存者を殺しつくし、多彩な自然環境を画一化し破壊しつくすことを、やめることだ。

荒れはてたシチリア島。岩はだがむき出し、トウダイグサ科の植物しか生育しない

目に見えない網の目にからまれて

さて、私たち人間はだれでも、意識しようがしまいが、刻一刻をなにものにもおかされずに生きようと望んでいる。と同時に、親や兄弟や友だち、すなわち身近な人たちがぶじに生きてゆけるよう、さらにすこしでも、心も体も健全に向上してゆけるようにと望んでいる。そしてこの期待の輪は、私たちをとりかこむ社会全体、日本人、地球上の全人類へとひろがってゆく。

ところで、私たち人間はこの地球上にあって、他の生物なしに、孤立して生きてゆくことはできない。数百万種の動植物、個体数にすれば数億、数兆、数十兆、いや数えきれないほどたくさんの生物たちといっしょに、意識していても、しなくても、いやなやつでもがまんし合いながら共存し、また持ちつ持たれつしながら生きている。生物社会では、仲の良いものだけが共存しているのではない。すべての生物は、たがいにいがみ合いながらも生活の場をすみ分けて共存している。これは自然の大法則である。

このように人間を含めた生物全体がいっしょに生きてゆく社会、それを**生物共同体**と呼んでいる。

生物共同体という言葉が出てきたので、少しくわしく考えてみたい。そうすれば、なぜ人間がそのワクの中で生きていかなければならないのか、はっきりするだろう。

共同体という言葉から、君たちがまず想像するのはどんなことだろう? 〝運命共同体〟などという言葉から考えれば、おたがいに相手が栄えれば自分も栄えるし、相手が滅びれば自分も滅びてしまうようなものを思い浮かべるだろう。また、〝共同戦線〟という言葉からは、たがいに力を合わせて、おなじ目的に進んでいくようなことを考えるだろう。

だが、生物共同体について言えば、ちょっと似ている意味もあるが、それよりもっと深く、ひとつひとつの生命が深くからみ合い、多様に影響し合っている、しかもその全体で社会を構成している関係をさしている。

一口で言えば、生物共同体とは、大気圏と地圏（陸地や大洋をふくめた）とのあいだにはさまれた生物圏に住んでいる、生命をもったあらゆるものの総体である。人間も、毒ヘビのような動物も、モミの木や雑草のような植物も、バクテリアも、いっさいひっくるめて地球上に住む生命をもったものが共存している状態を生物共同体というのだ。

この関係を君たちの学校の場合で考えてみよう。学校にはどんな人びとがいるだろう。校長、教頭、教務主任、一般の教師たち、そして君たち生徒。まだいる。用務員に警備員。こんなにも多くの人たちが、おたがいにそれぞれの持ち前に応じて仕事をしている。

それぞれの人たちの仕事の内容はさまざまだが、学校という一つの社会を成り立たせるためには、なに一つ欠くことのできない重要な仕事である。そのなかには協力関係もあれば、競争関係もある。生物共同体とは、言ってみれば、学校をもっと複雑にした、とほうもなく大きな、みごとに構成された社会ということができよう。

だから、人間と乳牛の関係のように、一方が餌をあたえれば、もう一方はミルクを提供するといった助け合いの関係ばかりではない。おたがいに競争し、いがみ合い、がまんし合いながら、生活の場を分け合っている関係もある。

たとえば、ヘビとカエルの関係がそうだ。食うものと食われるものとのあいだになぜ共同関係がなり立つのか、ちょっと不思議に思うかもしれない。だが、よく考えてみよう。ヘビはカエルにとって、このうえなく恐ろしい敵だ。だがもし、ヘビがいなくなってカエルだけふえすぎたら、食べ物がたりなくなって、カエルの社会はなり立たない。残酷なようだが、ヘビによって数を制限されてはじめて、カエルの世界も安定するわけだ。いっぽうヘビの側から見ても、あまりカエルを食いすぎてカエルが絶滅するようなら、ヘビの社会の大問題だ。餌のない彼らもまた滅びなければならない。

ヘビとカエルはたがいにいがみ合いながらも、やはり共に生き（共存）、共に死ぬ（共死）ような関係にあるわけだ。

ひろい自然のなかでも

おなじことは植物社会にも言える。

天然記念物として保護されたり、鎮守の森、古い屋敷林などの形で残されている自然林あるいはそれに近い林のなかへ、ちょっと足を踏み入れてみよう。

北海道、東北地方の北部や山地を除いたそれ以外の、南部以西の地方では、冬も緑のシイ、タブノキ、カシ類の常緑広葉樹林域である。それらの森のなかでは、シイやタブ、カシ類のような高木層は天たかく頭を出している。その下にはヤブツバキ、シロダモ、モチノキ、ネズミモチ、ヤマモモなどの亜高木層、さらにその下にはヤツデ、アオキ、ヤブニッケイなどの低木層につづく。そして、昼間でもうす暗い地表にはシュンラン、ヤブラン、ベニシダ、イタチシダなどの草本植物やシダ植物がとり囲み、下生え植物として森を支えている。また地面にはコケ類がはえている。

それだけではない。地面から高木層のこずえまで、森のなかにはさまざまな虫や鳥や、場所によっては獣たちが住んでいる。地表の落ち葉を取りのけてみると、ミミズ、トビムシ、クモ、ワムシなどが動きまわっている。さらに地中には、ササラダニ類、カビやバクテリアなど目に見えない無数の微生物群がいる。

これら森の植物たちは、おたがいにほかより高くなろう、ながく生き延びようとして、場所を奪い合い、光や養分をとり合いながら、しかも高木層、亜高木層、低木層、草本層と立体的にもすみわけて、たがいにバランスをとって共存しているのだ。

また、虫は生きるために草や木、あるいはその腐敗物を食べる。その虫をこんどは鳥や獣が食べる。その鳥獣のフンや死骸を、微生物群が分解して草木の栄養に還元する。養分を吸収して生長する草木は、葉緑素をもっている〝みどり〟の部分で太陽の光を、また根で地中から水を、葉で空気中から炭酸ガスをとり入れて光合成をおこない、炭水化物という形で有機物を生産して体内に養分をたくわえる一方、酸素を空気中にはき出す。酸素はすべての生物にとって、一時も欠くことのできないものだ。さらに、草木の体内にたくわえられた養分は、一部が動物の餌になる。その動物は、呼吸によって炭酸ガスを空気中にもどす。

森のなかで一見、バラバラに生活しているように見える植物、動物たちも、すこし考えるだけで、これだけ深い関係で結ばれているのだ。樹木がなければ生きてゆけないセミの場合のよ

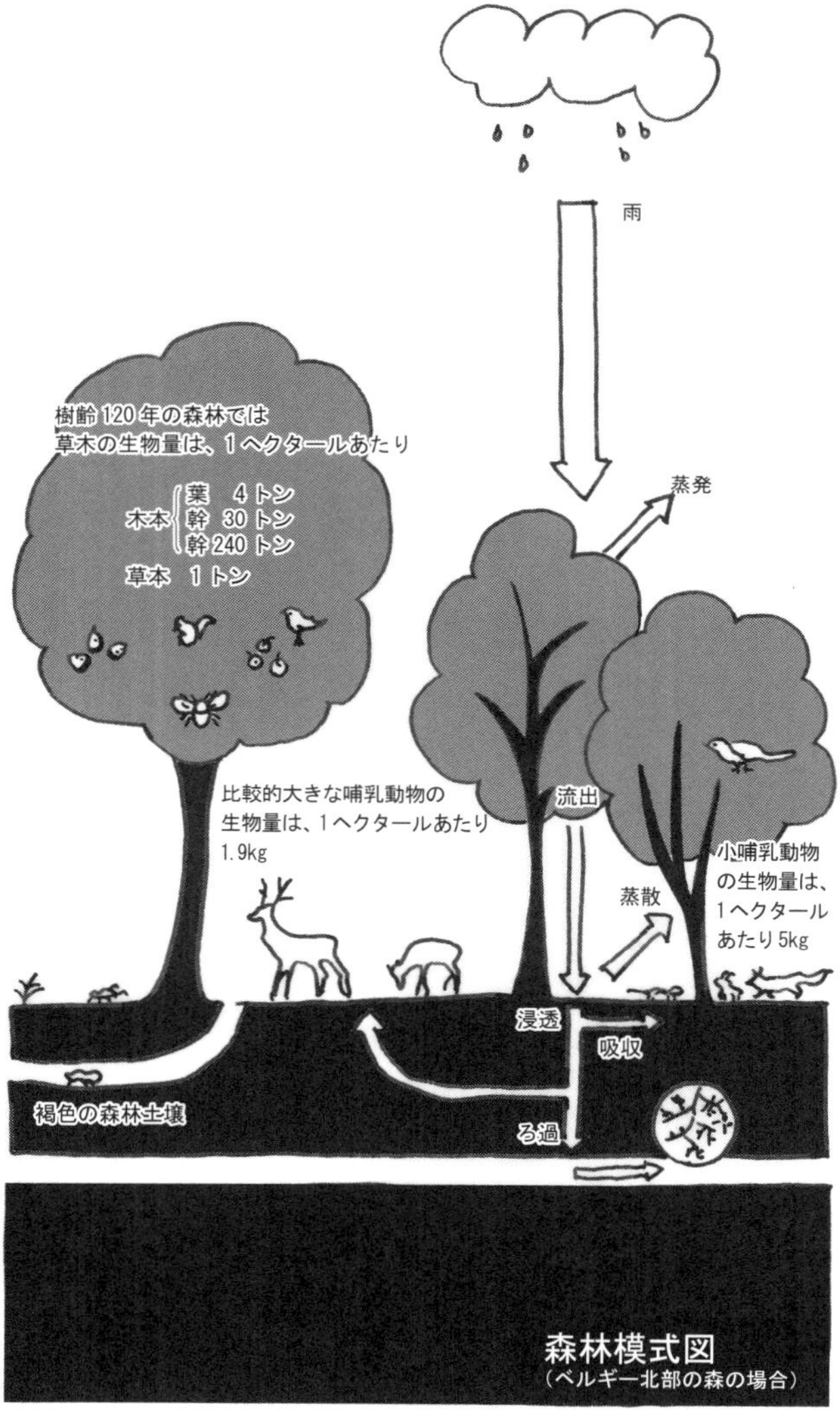

雨
蒸発
樹齢120年の森林では
草木の生物量は、1ヘクタールあたり
木本
葉 4トン
幹 30トン
幹 240トン
草本 1トン
比較的大きな哺乳動物の
生物量は、1ヘクタールあたり
1.9kg
流出
蒸散
小哺乳動物
の生物量は、
1ヘクタール
あたり5kg
浸透
吸収
ろ過
褐色の森林土壌
森林模式図
（ベルギー北部の森の場合）

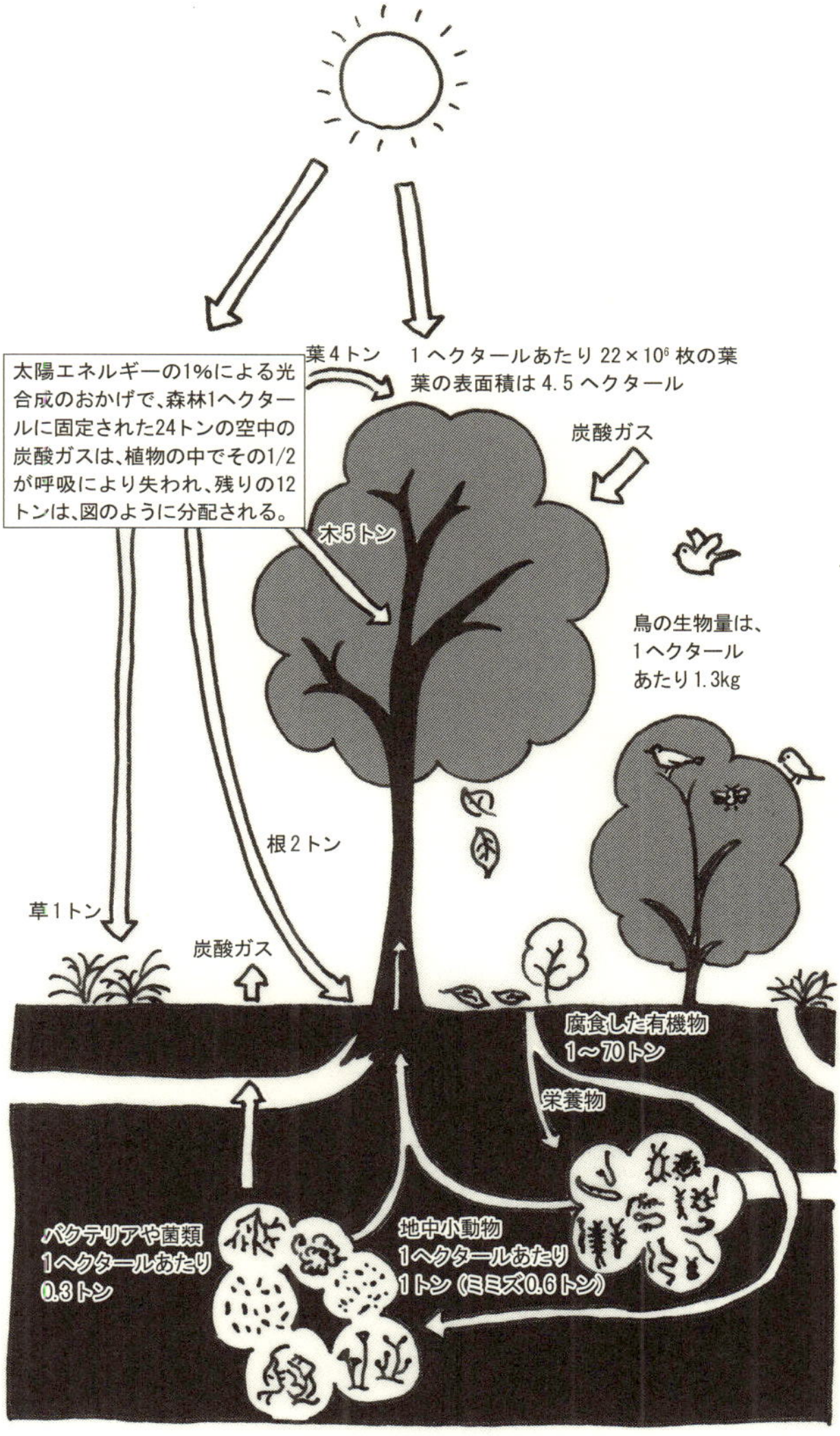
葉4トン
1ヘクタールあたり 22×10^6 枚の葉
葉の表面積は4.5ヘクタール
太陽エネルギーの1%による光合成のおかげで、森林1ヘクタールに固定された24トンの空中の炭酸ガスは、植物の中でその1/2が呼吸により失われ、残りの12トンは、図のように分配される。
炭酸ガス
木5トン
鳥の生物量は、
1ヘクタール
あたり1.3kg
根2トン
草1トン
炭酸ガス
腐食した有機物
1〜70トン
栄養物
バクテリアや菌類
1ヘクタールあたり
0.3トン
地中小動物
1ヘクタールあたり
1トン（ミミズ0.6トン）

うに見える糸でむすばれた関係もあれば、空を飛ぶ小鳥と地中の微生物群のように見えない糸でむすばれた関係もある。

秩序ある環境

だから、表面的にはどんなにバラバラの組み合わせに見えても、その組み合わせはけっして偶然ではない。動物でも植物でもよい。ある生物が生まれてから死ぬまでの時間の中にも、その生物が活動する場所の中にも、ひとつのきわめて精妙な秩序がある。あらゆる生物は、それぞれの場所、時間、仕事、意味をもっているわけだ。

彼らはおたがいに直接、間接に関係し合いながら、生活・生存環境を変え、あるいは生活環境が逆に彼らに影響をあたえるというように、たえず変化しながら、しかもその変化のなかでバランスのとれた生活をしてゆく（生物学的な動的平衡状態という）。

だから、一度このバランスがくずれると、たとえば最初のほうで紹介したように森に一本の道を通すだけで、あるいは樹木を切ったり、落ち葉をかいたり、また薬剤で微生物や昆虫を殺すと、森のなかのバランスが破壊されて、樹木はつぎつぎに枯れてしまう。虫や鳥がいなくなってしまう。

このように、およそ生命《いのち》のあるものは、あらゆる場所でいつも規則的な構成で、きまった他の生物集団にむすびついている。言いかえれば、地球上に生まれたすべての生きものは、たとえどんなに他の生物の世話にならずに生きてゆこうと思っても、ただひとりで、一匹で、一本で、生きてゆくことはできない。その点では人間も例外ではない。

小鳥もライオンも人間も、地面のコケも、大きなカシの木も、すべての生物個体は生きてゆくために、それぞれ必要最小限度の場所や養分や水分の量がきまっている。だから生きてゆく過程で、かなりはげしい生存競争もおこなわれる。が、その一方では、それらの場所やエネルギーをひとり占めにしたりはしない。たがいに奪い合いながらも、共に少しがまんしながら、分け合っているのだ。生物共同体はこうして、個々の場所から地球規模につながっているシステムとして成り立っている。この、あらゆる物質のやりとりの関係、物質循環のシステムを、生態系(エコシステム)と呼んでいる。

生物共同体の不思議

生物共同体(biocenosis)は、複雑な関係で結ばれた生物が、それぞれ意味をもって生きている生命集団だ。それはたとえば人間のからだのように、頭は頭、手は手、足は足というふうに、はっきりした区分けや働きを受け持って成り立っているわけではない。ゆるやかなむすびつきである。

だが、時にはまるで一つの統一された意志をもつ生物のように見えることがある。

たとえば、ヨーロッパの、主に東部に生育している自然生のアカマツ林には、もともとマツケムシが生物共同体の一部として生息している。だが、けっしてマツを全滅させるほどにはふえない。ところが、ドイツやヨーロッパ中部などでも植林したマツの純林などのように、自然のバランスが人為的にくずれた場所では、ある気象条件になると爆発的にマツケムシがふえて、あっという間に林を全滅させてしまう。

（倍率約〇・七）マツケムシの成虫と、マツカレ葉

わが国でも、最近、各地でアカマツやクロマツが、いわゆるマツクイムシによって枯らされている。このマツクイムシは、急に日本にあらわれた昆虫ではない。冬も緑の常緑広葉樹林のシイ、タブ、カシ類などの照葉樹、二次林の落葉樹のコナラ、クヌギ、ミズナラなどのなかに混じって多様な生物社会がつづいていた時代には、マツにそれほど大きな影響をあたえなかった。ところが、広葉樹林が破壊されてマツの純林が多くなり、地域の自然破壊、環境破壊がすすんで木の抵抗力が落ちると、急に大発生している。

また、秋おそくシイやカシ林にはいってみると、ドングリがたくさん落ちて一面に、まず根

年＼人	男	女
1947	1,376,986	1,301,806
1948	1,378,564	1,303,060
1949	1,380,008	1,316,630
1950	1,203,111	1,134,396
1951	1,094,641	1,043,048
～	～	～
2004	569,559	541,162

第二次世界大戦後、日本の男女別出生数（「人口動態統計」厚生省による）

を出し、芽を出している。これらは翌春五月頃にはいっせいに芽生えて、足の踏み入れ場もないほどになる。しかし、親木の大木がじゅうぶん繁っている間は、そのほとんどは途中で枯れてしまう。もし、高木が枯れたり倒れたりすると、その空間にだけ幼木が急生長して、空間をうずめてゆく。

人間の社会でも、こんな例がある。第二次世界大戦などのように大きな戦争があったあとでは男子が戦場などで大量に死ぬため、男子にくらべて女子の人口がずっと多くなる時がある。すると、一時的に生まれてくる赤ちゃんは男の子が多くなるというのだ。こうして全体的にバランスを取りもどすのである。不思議としか言いようがないではないか。

生物共同体には、これらの例のように、まるで意志をもった生きもののような働きがある。不変の姿をいつまでも保ちつづけているように見える森も草原も湿原も、じつは映画のスローモーション撮影で見るようなダイナミックな動きをつづけている。自然はたえず変化している。きょうの森はきのうの森と同じではない。ある樹木は枯れ、ある樹木は芽を出したところだろう。生物共同体に生きる生物のひとつひとつはけっして同じものではない。だが、全体としてのバランスは、ほぼ前と同じように保たれてゆくのだ。この不思議なバランスは、さまざまな要素がきわめて複雑にたがいに組み合わさり、影響しあってとられている。多くの研究者の努力にもかかわらず、このバランスがとれる原因は個々のいくつかはわかっても、生物共同体の全体にはたらく自律作用については、現在でも解き明かすことのできない、深いなぞの部分が多い。

植物の役割

緑のフィルター

毎日毎日、おそろしい勢いで私たちの住む国土は変わってゆく。都会では、コンクリートと鉄でつくられる高いビルが所狭しと建ちならんでいる。しかも、一日一日と、わずかの空間をみつけてはその数を増している。

地方、いわゆるいなかでもそうだ。きのうまでは土の道だったところが、きょうはアスファルト舗装に姿を変えてゆく。緑の樹木がこんもり繁った小山は、あっという間にブルドーザーでかきならされ、緑のかわりに赤や青の屋根をもった住宅が建ちならぶ。最近は地方の村から町へ、都市へ、さらに東京などの大都市へ人口が過集中し、農山村の過疎化が進み、里山などのスギ、ヒノキ、マツ林などの人工林や農地は放棄されて荒廃している。このままだと土地本来の、人間のいのちと生活を守る森にもどるには、クレメンツの遷移説によっても百年以上の時間がかかる。

都会から郊外へ、郊外から田園へ、山地へと緑を追放する人間の意志はすさまじい速さでひろがっている。

「けっきょくは人間のためになるのだから、しかたないよ。それが開発というものなんだ」という声もある。が、待ってほしい。緑を、とくに土地本来の森を破壊、追放することが、ほんとうに人間のためになるのだろうか。

緑の植物は、単なる大地のアクセサリーなどではない。その働きぶりときたら、人間が考えだした機械などではとてもできないような、複雑で多様な、むずかしい仕事をやってのけるほどなのだ。

さっきもちょっと触れた光合成、または炭酸同化作用だ。水と炭酸ガスを、太陽の光エネルギーで炭水化物につくり上げ、酸素をはき出す作業だ。

こんな放れ業は、緑色植物だけしかできない。私たちは植物が放出する酸素を吸って生き、植物を食べたり、植物を食べて大きくなった他の動物の肉を食べたりして生きているわけだ。

もし緑色植物がなかったら……?　こんなばかげたことは、想像することもできない。

そのうえ、緑色植物が自然界ではたす役割は、光合成をするということだけではない。そのほかにも、人間や他の動物の生命を存続させる基盤としての、いろいろ重要な役割をになっている。

そのひとつは、よごれた空気や水をきれいにする働きだ。

あるドイツの学者が調査したところ、ヨーロッパブナ、ヨーロッパミズナラ、カエデ類などのような夏緑広葉樹林では、空中の有毒物質やちりを一ヘクタール当たり年間六八トンもとらえて、土壌に還元し、空気を浄化する働きがあるという。そしてスギ、ヒノキ、マツ類のような針葉樹林でも、年間三二トンの浄化能力があるそうだ。

「森林はわれわれのふるさとの、もっとも美しい衣服である」という言葉があるが、美しいだけではない、森林は生きた緑のフィルターなのである。

自然の調整者

砂漠——そこは命を持つものにとって、いちばん住みにくい場所である。見わたすかぎり砂また砂がひろがるこの裸の大地には、草一本はえていない。頭上から照りつける太陽の光を、さえぎるものは何一つないのだ。

太陽が直接照りつける砂漠の大地の表面では、摂氏五十度から七十度ぐらいの気温になる。いや、ひどいときには摂氏八十度以上に達することもめずらしくない。ところが、いったん太陽が西に沈んで夜空に星がきらめくころになると、温度は急に零度近くまで下がってしまう。最高気温と最低気温の差が六十度から八十度もあるのだ。気温ばかりではない。水分の蒸発をとりあげても、風をとりあげても、すべての気候条件が極端から極端へと変化する。

ところが、植物の繁っているところはそうではない。森でも、林でも、草原でも、およそ植物のあるところでは、多くの生物が生きてゆきやすい環境を植物がつくってくれる。

森林のなかのような局地的な気候は微気候（マイクロクライメート）と呼ばれているが、海洋性気候とおなじように熱しにくく、冷えにくい。砂漠とはちょうど反対に、昼間の直射日光の下でもそれほど温度が上がらないし、夜や冬でも極端に温度が下がらない。

緑の植物は、このように地域の局地的な気候条件や土壌条件までも緩和して、生物（もちろん人間もふくまれる）が住みやすいような温和な環境条件をつくりだしている。緑の植物は、よごれた空気をきれいにする自然の掃除人であると同時に、自然の環境の調整者でもあるわけだ。

また、土地本来の森、潜在自然植生の主木群の常緑広葉樹のシイ、タブノキ、カシ類は、深根性、直根性で、冬も緑で、年間を通して火事にたいしては防火壁に、津波に対しては、森は立体的な緑の防波堤、防潮壁として、地震その他の災害が起こったときには逃げ道や逃げ場所にもなる。まさに、すべての住民のいのちと生活を守る、あらゆる自然災害に対しては多面的な防災、環境保全機能を果たす。

ハイキングに行ったことのある人なら、きっと見たことがあるだろう。自然林がのこっている山の斜面や尾根《おね》、谷筋、あるいは海や湖の岬などには、よく防災林、保安林、水源涵養林という標識が出ている。国土保全、災害防止、水質浄化、水源の保全などに森林がたいへん重要なはたらきをしている。

そして最後に、もうひとつ。緑の植物が危険を知らせる見張り人の役割をすることも見落としてはなるまい。

「神宮の森のイチョウ、二か月早い落葉」「ケヤキが急に全部落葉」とか、「国道沿いの松並木全滅」などという言葉を、君たちも新聞やテレビのニュースで最近よく耳にするだろう。私たちはこれを、ただ不愉快な暗いニュースとして聞き過ごすわけにはいかない。じつはその奥にもっと恐ろしい意味があるからだ。

空気を浄化してくれる植物が姿を消す。気候を調整してくれる植物がなくなる。それが困る。しかも、そればかりではない。

もっと切実な意味で、おなじ生物共同体の仲間である緑の植物が、落葉の季節でもないのに落葉したり、枯死したりするということは、とりもなおさず人間にとっても生きてゆくのがむずかしい環境になった、ということを教えてくれているのだ。もの言わぬ植物たちは、自分たちの死によってそのことを私たちに語りかけている。

つまり、植物は人間をはじめとするすべての生命集団が生きつづけてゆくために、環境がどのように保たれているかを、おなじ生きものの側から身をもって、いのちをかけて示してくれる。だから、たとえ大気が亜硫酸ガスや一酸化炭素でよごされたり、川の水が工場の排液でよごされたりするように、一時的に私たちをとりまいている環境が悪化しても、もし、その土地で長いあいだ人間と共存してきた緑の植物が、まったく被害を受けないで生き生きとしていたら、これは人間にとってそれほど問題ではない。逆に、東京の銀座や大阪の御堂筋の交差点におかれた空気中の亜硫酸ガスや一酸化炭素の濃度を示す電光掲示板にあらわれた数字、いわゆるＰＰＭの針がたとえわずかしか動かなくとも、緑の植物がある日急にぜんぶ落葉したり、枯死したりする場合は、環境全体が極端によごれ、破壊がすすんで、深刻な事態になっていることを示している。

いまのところわかっている植物の働きは、ざっとこれくらいだ。しかし、これから将来、あたらしい研究がすすんで、総合的な生物集団とさまざまないのちを守る環境条件との関係が明らかにされれば、植物がさらに多くの役割をはたしていることがはっきりするだろう。人間の健全な心とからだを保証するために、植物はそれほど大きな位置を占めている。

生態系のからくり

人間はなぜ生きてゆけるのか？

前の章で、私は人間が高慢になりすぎていると言った。だが、一面から考えれば、それも無理はない。私たちは現在の生活になれきって、日ごろ疑いをもたないのだから。

君の身のまわりを見まわしてみよう。学校へ行けば友だち、家に帰れば両親や兄弟たち。どちらを向いても人間ばかりだ。それでなんの不自由も感じないで暮らしてゆける。これでは、つい地球上にいる生物が人間だけだと錯覚するのも無理はない。

人間こそ地球の王者である。だからといって、他の植物や動物やカビ、微生物の類を人間の目先のつごうに合わせて、自由に殺したり、生かしたりしてよいものではないと思う。

なるほど、人間にはそうする力がある。それが植物であろうと動物であろうと、目に見えない微生物群であろうと、人間にとって邪魔者であれば、すぐに皆殺しすることができる。また、あるものは人間の道具として、あるものはペットとして生かしておくこともできる。それどころか、人間の食料にするウシやブタやニワトリなどは、いかに早くふとらせて殺すか、ということさえ考えられているくらいだ。

だが、それにもかかわらず、自然はそういった人間の知恵や力をこえる複雑なしくみを持っている。人間はそのおかげで生きてゆくことができるのだ。それは**生態系**（エコシステム）と呼ばれるものだ。

人間が、どんなに便利な都市をつくり、自然とまったくかけ離れたさまざまな新しい技術を集めてつくった人工的な環境のなかで文明的な生活を送り、どんなもんだといばってみても、この事実は変わりない。

私たちは、テレビがなくても、飛行機がなくても生きてゆくことはできる。だが、もし自然の生態系が正常にはたらかなくなったら、それ以上生きつづけることはできないのだ。地球上の王者などと言ってみても、この点では密林の猛獣とすこしも変わらない。

そんなにたいせつな生態系とはどんなものか？　ほかでもない、すでに〝生物共同体〟のところで話したように、すべての生き物は単独では生きてゆけないという自然界のシステム、物の流れ――物質循環――のシステムだ。

つぎの図を見ながら考えてみよう。

まず、太陽から光と熱が地上に送られてくる。地上には水や空気や土（環境）がある。

さらに、これらに養われる植物がある。葉緑素をもっている緑の植物は、有機物（糖やでんぷんなどの炭水化物、たんぱく質）と酸素の生産者である。消費者は、虫や、小鳥や、草食動物、

生態系の物質循環模式図（海などの水中）

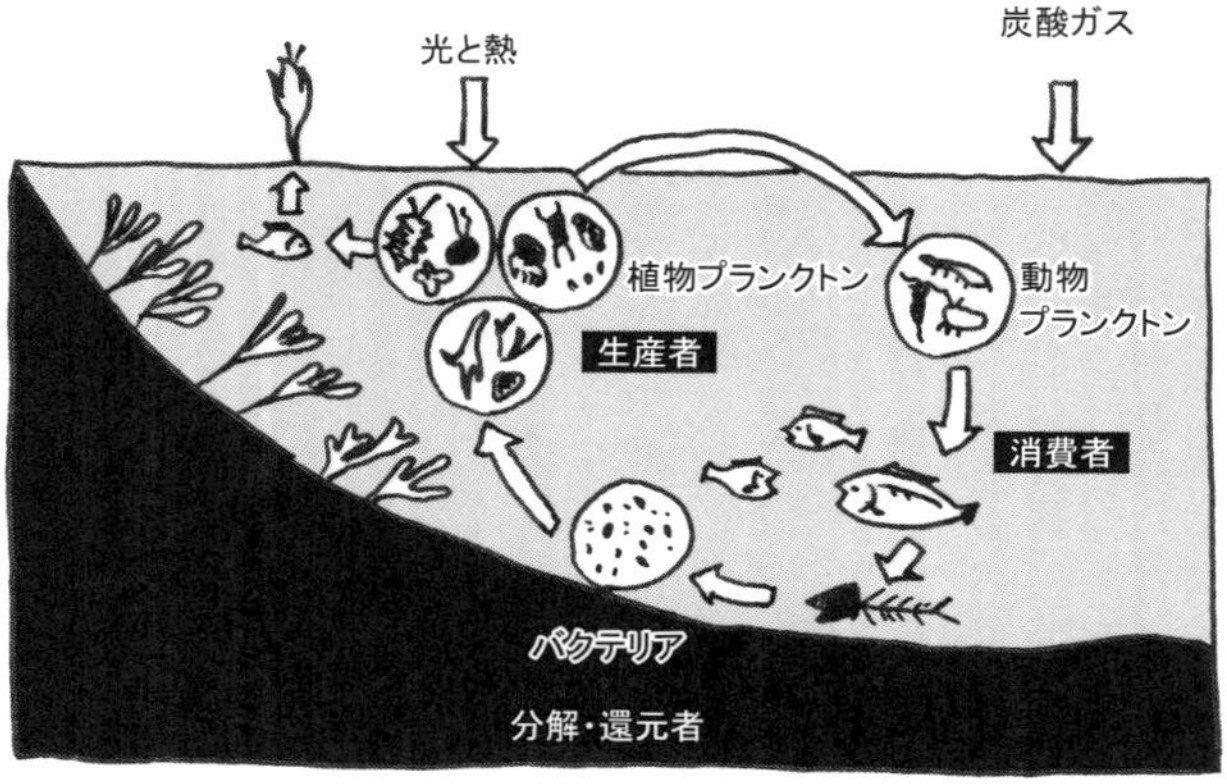

人間たちである。彼らは、植物の葉や実や根を食べて生活する。また、酸素は地球のすべての動物が生きてゆくためには、欠くことができないものである。

水中の場合だと、顕微鏡で見なければわからないほど小さな植物プランクトンが、おなじように小さい、ミジンコとも呼ばれる動物プランクトン（第一次消費者）に食べられる。動物プランクトンは、小魚などの小動物（第二次消費者）に食べられる。これは陸上でもおなじだ。昆虫などの小動物が、それよりやや大きい肉食動物（第三次消費者）に、それはさらに大型の肉食動物（第四次消費者）に食べられる。

こうして見てゆくと、肉食動物もふくめてすべての動物が個体を維持し、種族を繁栄させてゆけるのは、植物のおかげだということがわかる。

そして、もうひとつ。カビやバクテリア類が最後の役割を受けもっている。それは生産者としての植物や消費者としての動物が生きてゆく過程で出す廃棄物や、その死体を分解し、ふたたび生産者としての緑の植物の再生産に役立つように分解・還元する仕事である。

　つまり、植物でいえば森や林の木が落とす木の葉や枯れ木、動物でいえばフンや死骸など、これらのものは腐敗して、やがて姿をなくしてしまうだろう。この腐敗や分解こそカビやバクテリアがはたらいている証拠だ。

　彼ら目に見えない無数の微生物群は、動植物を構成している有機物を炭酸ガスや窒素、リン、カリウムなどの無機物という形にして、ふたたび浸透圧の差によって緑の植物が取り入れやすいように分解、還元しているのだ。

　このように自然は、緑の植物（**生産者**）、人間をはじめとする動物（**消費者**）、カビ、バクテリアなどの微生物群（**分解・還元者**）の三つの柱から成り立っている。ただ、生産、消費、分解・還元者それぞれのあいだにもき

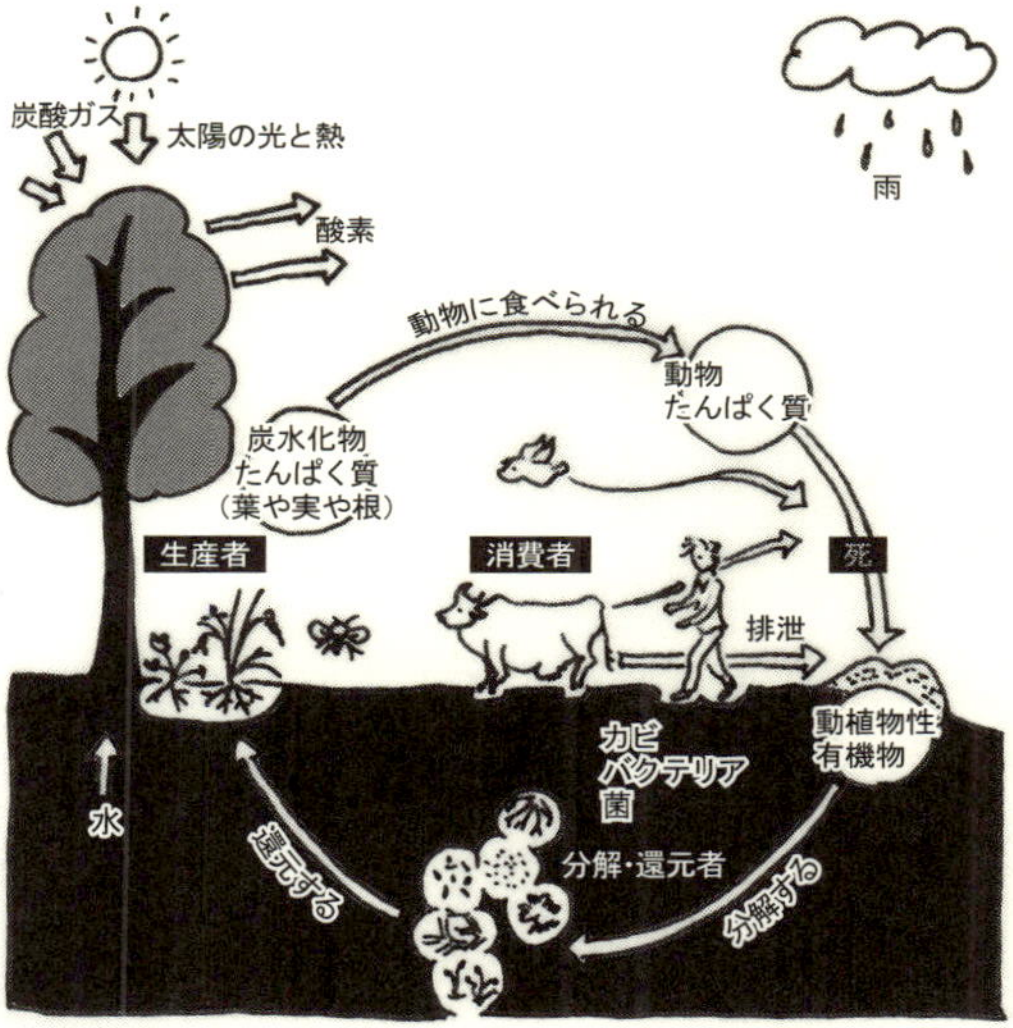

生態系の物質循環模式図（陸上）

わめて複雑なからみ合いがあり、そのすべてはとても絵にも文字にもあらわせないほど入り組んでいる。そして、この三者がまるで複雑な時計の歯車などよりも、はるかに複雑な組み合わせで、たくみにかみ合ってはじめて、地球上のあらゆる生命活動はつづけられるのだ。

このようなめぐりめぐつた輪は、ひとつの地域——たとえば、森林でも、草地でも、動きのはげしい川やはてしなく広い海でも成り立っている。そして、それらを大きく包含した地球全体でも出来上がっている。これが生態系というものである。

そして、その消費者群の、食うものと食われるものというピラミッド状の食物連鎖の頂点に、人間が立っている。人間はいちばん上に位置しているといばってはみても、私たちをささえている無数の生物群や環境を抜きにして生きてゆくことができないことは、もうわかっていただけたと思う。すなわち、人間は生態系から抜け出して生きることは絶対に不可能なのである。さらに率直に言えば、人間も、生きている緑の濃縮している森の寄生虫の立場で、地球上では生かされているのだ。

生態系は自然界の秩序だ

ここで、君たちに断わっておかなければならないことがある。それは、この生態系（エコシステム）を単なる循環系としてだけ見ないでほしいということだ。もちろん生態系をエネルギー

植物がまったく育たなくなった足尾鉱山の山々。日本の公害の原点だ。（共同P提供）
〈注〉私たちは二〇一四年現在、やっとNPO「森人たち」と共に八年かけて一部の地域で、樹高八mの土地本来の森を再生することができた。

の循環という立場で見れば、太陽の光のエネルギーが有機物という形で固定され、その有機物を動物が運動のエネルギーに変える、そして分解者を通じてふたたび植物に帰ってゆく。また、物質循環という立場で見れば、炭素や酸素や水素や窒素は形を変えて、生産者、消費者、分解・還元者のあいだをめぐっている。生態系はたしかに、一つのものをやりとりする循環系だと言ってよい。

ただ、それは三者のあいだに精妙なバランスを保っているシステムだということを忘れないでほしい。しかも、個々の地域ごとの、たとえば一本の川、湖、森などから、ヒトが住んでいる集落、都市、産業立地などが、個々の空間的には、一つのクローズドシステムとして、それぞれつながり、全地球システムのサブシステムとして機能している。したがって、どんなモダンな都市生態系も、効率のよい新製品を大量につくり出す工場などの産業立地生態系も、広域的な地球システムの枠の中のサブシステムとしての循環系でなければならない。その枠を超えた時に、消費者の立場の人間の健康やいのちに深刻な影響を与えることになる。

なぜこんなことをわざわざ言うのか、と不思議に思う人がいるかもしれない。だが、これはたいせつなことだ。つまり、今日やかましく言われている自然破壊、公害も含めた環境破壊のほんとうの犯人は、生態系を無視して生活する人間の心の中にあるのだから。

たとえば私たち人間は、工場がはき出す有毒ガスや、有毒廃液などの産業廃棄物が問題になると、なんとかしてその汚染物質を早く、それこそアッという間になくしてしまうような方法を考え出そうとする。高い煙突からひろい大気中に飛ばしてしまったり、ひろい海に流してしまえばそれで済むと思っているのなどは、そのよい例だ。だが、それはまちがいだ。これでは、なにも解決したことにならない。長期的な視野で見れば、地域から地球規模につながっている生態系の微妙なバランスを無視した乱暴な行為だとしか思えない。

生態系というものをみるとき、たとえば窒素の循環ひとつをとりあげても、そのしくみは、きわめて複雑で、微妙に入り組んでいる。その一つ一つのしくみすら、実証的に調べることがひじょうにむずかしい。だが、この精妙な複雑さこそ、自然の安定したしくみの本来の姿なのだ。

生態系のなかでおこなわれる物質循環は、長い時間をかけて徐々に進行する。じつはこの方式こそ、地球上に生命があらわれてから三十数億年、あるいは四十億年という長いながい時間をかけて自然がつくりあげてきた、しかもこれまで一度もくずれたことのない、精妙な生物界の秩序なのだ。

ところが、人間は無造作に、いや無神経にこの自然の秩序を破壊してゆく。破壊された結果、生態系にどんな変化があらわれているか、ひとつの例を示そう。

東京周辺――中心部に近づくにつれて公害がひどくなってゆく地域――の土の中にすんでいる微生物、分解・還元者の数だ。

まず、千葉県にある常緑広葉樹の自然林、シイやカシの林の中、ここには一平方メートルあたり約四十万の微生物が生息している。これなら地域の生態系を成り立たせるためには、いちおう安全な数といってよい。

こういう自然を、宅地造成とか工場誘致などといって破壊し、人間につごうがいいように変え、汚物をはき出してゆくと、急速に微生物の数が減る。ゼロが一つ、また一つと減ってゆくのだ。東京でも天然記念物として自然に近い森がわずかに残されている目黒の自然教育園、この森の土中では四万、それが繁華街の新宿に近い、もとの資源研究所があったところの草むらでは、さらにゼロが一つ減って四千になる、というように人間のあたらしい技術と資本が集中的に投入された中心部に近づけば近づくほど、この数は少なくなっている。

分解・還元者が減ったって人間に関係ないじゃないか、とは言っていられない。分解・還元者が減れば、生産者である緑の植物がふたたび成長し、酸素や有機物を生産するための養分をとることができなくなる。

酸素が減り、植物の葉が黄変し、実がなくなりはじめたらどうだろう。第一次消費者、第二次消費者、第三次消費者……と、しだいに地上から姿を消してゆく。それでも人間だけは生きてゆけるだろうか。

他の生物とちがって、頭脳をつかい、あたらしい知識、あたらしい技術を開発して生き延びてゆけるのだろうか。

食物連鎖

生物界の秩序を破壊しているケースは、まだある。

今日の日本、いや世界の各地で、とくに文明国やあたらしい産業コンビナート地域で起こっている公害の恐ろしさは、これまで自然界になかった、あるいは、一部に局限されていた物質を人間が生物界に送り込むところにある。それがＢＨＣやＤＤＴなどの有機塩素物質や石油化学製品の場合もあるし、カドミウム、鉛、有機水銀といった重金属の場合もある。あるいは、公害ということばも使えない、原水爆実験や原子力産業によってまきちらされる放射性物質の場合もある。いずれの場合も、生態系のなかの分解・還元者が見つからないために、そのままの形で蓄積し、濃縮、拡散し、人間もふくめた生物集団に影響をあたえはじめた——これが地球汚染というものの正体なのだ。

ところで、公害の典型的な例として、ひじょうに大きな問題を提起している水俣《みなまた》病の場合がある。複雑な生態系を無視した人間のために、生態系の復讐の刃がそのまま人間にふりおろされた恐ろしい話だ。

まずはじめに、それは飼いネコが狂い死にすることから始まった。鹿児島県との境に近い熊本県水俣市にある、のどかな漁村での出来事だった。不知火海が入江をつくり、はるかに天草の絶景をひかえたこの美しい平和な村の人びとは、ある日異常な光景を見ておそれおののいた。

不意に猛烈な勢いでネコが家のなかを走りまわり、あちらこちらにぶつかったあげく、苦しそうに身をもだえて、悲しげに鳴くのだ。そのネコは、まもなく死んだ。

あちらの家でも、こちらの家でも、つぎつぎにおなじような事件がつづいた。多くのネコが死んでいった。一九五三年のことだった。

「なにかのたたりではないか」村人たちは、ネコの異様な様子を見て、そう思った。平和な漁村が一瞬のうちに恐怖の村に変わったのだ。ネコだけですめば、変な出来事として人びとの記憶に残っただけかもしれない。だが、ネコだけではなかった。死の足音は人間にも近づいてきた。

足がふらふらする。目がかすんで、手が思いどおりに動かない。こんな訴えをする人がふえた。奇病だ。

共通の症状をもつ患者がつぎつぎとあらわれ、一九五四年の末には、このなかから四人の死者が出た。長いあいだ原因がわからなかった。

チッソ株式会社の工場で出す廃液にふくまれている有機水銀がこの奇病の原因だとわかったのは、五年後の一九五九年七月のことだった。熊本大学医学部の先生たちの地道な努力の結果によるものであった。病気は、土地の名をとって〝水俣病〟と呼ばれるようになった。

生物界にこれまで、まったく、あるいはほとんど存在しなかったようなあたらしい質の物質が、あたらしい産業廃棄物などといっしょにはき出される。たとえ微量であっても、ひとたび生物社会とその環境とのシステム（生態系）のなかにくり込まれたこれらの物質は、分解・還元者によってすぐには分解されないで残る。これらの物質は一度生物のからだにはいると、〝生物濃縮〟という生物体特有の作用によって、しだいにからだのなかに蓄積される。さらに消費者間の食うものと食われるものとの相互関係によって、高い次元の消費者のからだではさらに濃縮される。

この関係を水俣病の場合で考えてみよう。工場が有毒物質（有機水銀）を川に流す。その段階では川の水で何百倍、いや何千、何万倍にうすめられて、毒性はほとんど検出できないかもしれない。

ところが、この有機水銀という物質は、自然の生態系では分解・還元できない物質だ。すると、水中にいる無数の植物性のプランクトンは、有機水銀をそのままの形で体内にたくわえる。せっかく水でうすめられた有毒物質が、プランクトンによってふたたび集められるのである。

つぎに、その植物性プランクトンを、ミジンコなどの動物性プランクトンが食べることになる。一生のあいだには一個だけではなく、何十個も何百個も食べることだろう。すると当然、植物性プランクトンの体内に濃縮されていた有機水銀は、動物性プランクトンの体内に移される。しかも、前よりずっと濃縮された形で……。

さて、この動物性プランクトンを、こんどは小魚、小エビ、水生昆虫などが食べる。この段階で、さらにさらに有毒物質が濃縮される。

あとは、小魚をもっと大きな魚が食べ、最後にその魚を人間が食べる。

有毒物質は、はじめは川の水でごく微量にうすめられ、化学的検出が不可能なほどであっても、食物連鎖の環をめぐりめぐって人間の体内にはいるころには、何万倍、何十万倍に濃縮されるわけだ。しかも人間が食べるのは魚一匹だけとはかぎらない。水俣病のような悲劇が起こることは当然予想されよう。じっさい、このようなことは、熊本県の水俣市をはじめ、富山県の神通《じんづう》川流域、新潟県の阿賀野《あがの》川流域、群馬県安中《あんなか》市など、日本各地で起こっている。

もし、日本人の生態学的な知識のレベルがアメリカやドイツ並みだったら、あの悲惨な水俣病やイタイイタイ病が発生し、死者が出て十年もたった今日なお被害者と加害者のあいだで争われているというような、おろかな現象はなかっただろう。

生態系のなかの食物連鎖、それはまだまだこれから研究されなければならない問題をたくさん残している。理論的にも実証的にも、生命集団とその環境との関係を明らかにし、行政も企業も各団体も、そして私たち一人ひとりが、生態系、食物連鎖という、生態学的にはもっとも基本的な知識を共有していれば、水俣から、日本から、地球上から、もっとも尊い、かけがえのないいのち——多くの人々のいのちを奪うあの悲惨な、当時は公害と呼ばれたような悲惨な現象を追放するための力強い武器になっただろう。

4

植物社会の成り立ち

植物社会のはげしい競争

一平方メートルの土地にはえた雑草

一九六八年八月末のある日、私と当時の横浜国立大学生物教室の研究室の仲間は、ひとつの生態実習にとりかかった。

実習、実験といっても、なにも大げさなものではない。試験管も顕微鏡もいらない、だれにでもできる、かんたんなものだ。校庭の片すみでも、君の家の庭のすみでもよい。土をきれいにならして、一メートル平方のワクをつくる。もちろん、そこにはえている草は、どんな小さなものでも抜きとって、きれいに耕しておこう。

そうして一か月後、その土地がどんな様子になっているか観察してみたまえ。君たちはきっと、びっくりするにちがいない。

「あれだけ念入りに草を抜いておいたはずなのに、もう、こんなに雑草が芽を出している！」と。

いったい一か月のあいだに、どのくらいの雑草が芽を出すと思う？

私たちは、この実験を横浜国立大学構内にある芝生でおこなった。芝をはぎとってきれいに

実験圃場《ほじょう》づくり

地ならしをし、小さな草の芽まですっかり抜きとった。一メートル四方の囲いをつくって準備完了。あとは待つばかりだ。

さて、一か月後の九月のある日。ワクで囲まれた小さな土地には、まるでわざわざ種をまきでもしたように、一面にたくさんの雑草が顔をのぞかせていた。いったい何本あるのだろう。

私たちは、まずこの一メートル平方の土地に、十センチ間隔で糸を縦横に張った。つまり十センチ平方の土地を百個つくったのだ。そして、数人の仲間で手分けをして、それぞれこの小さなワクの中の草を一つずつかぞえていった。みんな、この小さな土地にはいつくばって、いっしょうけんめいに数えた。

「一、二、三、四、……」

数え上げるのに、まる一日かかった。みんなでかぞえた数字を集計してみて、おどろいた。

一平方メートルに一万七七七六本の芽が出た

なんと、一万七七七六本！　これがわずか一平方メートルのちっぽけな土地に芽ばえていた雑草の数なのだ。実験をはじめる前には、せいぜい数百本くらいのものだろうと考えていた私たちは、あまりの違いに声もなかった。なんという量！　なんという雑草のたくましさだ！

でも、よく考えてみると、この数はけっしておどろくにあたらない。もともと、日本のふつうの土地なら、一メートル平方あたり十万粒から百万粒以上の雑草の種子がふくまれているはずだからだ。たとえば、都会地ではよく見かける北アメリカ原産のオオアレチノギクは、一本の草で七万から七十万個の種子をつけるのである。これらの雑草の種子の一本当たりの生産数は、前年の横浜国大の二年生の生態学実習で実際に数えた結果でもある。そして空地にはこのオオアレチノギクをはじめ、ヒメムカシヨモギ、最近ではセイタカアワダチソウなどが密生している。それに、この実験では数こそ一万七、七七六本をかぞえたが、雑草の種類で見れば、ハコベ、カタバミ、スズメノカタビラ、ミミナグサなど二十数種にすぎなかった。

横浜の実験地の近くに生育している雑草の種類はこんなに少なくはない。ざっと二百種類はある（このように、ある土地に生育しているすべての植物の種類をならべたリストを植物相〈フローラ〉という）。それを思えば、この土地に芽ばえた二十数種という植物の種数は、けっして多い数ではない。いや、風によってほかの場所から種が運ばれてくることを考えれば、少なすぎるといってよい。

私たちがきれいに地ならしして、発芽しやすい場所をつくったときには、二百以上の種類がある植物の十万から百万粒もある種子のすべてに発芽する可能性があったはずだ。それが実際には二十数種、一万七千七百本あまりしか陽の目を見ることはできなかった。

なぜ、残り九百七十万粒の種子は芽を出さなかったのだろう？　なぜ、十万から百万といわれる種子から、一万七千七百本あまりしか芽を出さなかったのだろう。驚くべきなのは、むしろこの事実のほうかもしれない。

生物社会の環境的秩序規制ということ

理由はこうである。この小さな一メートル四方の土地の環境に適応できたものだけが、芽を出せたということだ。

芽を出せるもの、出せないもの、明暗二つの道をつくりだす原因になったものを環境条件と呼んでいる。この条件にうちかった草の種子だけが、晴れて太陽の光を浴びることができるのだ。

環境条件にはいろいろなものがあげられるが、大きく分けると（1）気候要因、（2）土壌要因、（3）動物的、人為的要因の三つにまとめられる。

（1）の気候要因というのは、たとえば気温や土の温度、降雨量、風の強さや風向きといったものだ。また、それらの条件が年間を通じて、どんな傾向で変化するかということもたいせつな要因になってくる。平均気温摂氏二十度という数字だけは同じだが、ひとつの土地、たとえば海洋性気候下にある赤道に近いカロリン諸島では年間を通じてつねに二十〜三十度前後であり、また大陸性の土地では高いときには四十度を越え、低いときには氷点下に下がるなどという例もあるだろう。

（2）の土壌要因というのは、土の粒子の大きさ、砂と粘土のまざりぐあい、その粗密の程度、土がどのようにかたくしまっているか、土中にふくまれている水や空気の量などといった物理的要因や、窒素、リン酸、カリなど、土壌にふくまれている無機養分の種類や量、また酸性土壌かアルカリ性土壌かの程度を示すpH（ペーハー）濃度といった化学的要因に分けられる。

おなじように（3）の動物的要因（人為的要因）というのは、たとえば人が踏んだり、焼いたり、草を刈ったり、肥料をあたえたりといった形で、人間が土地や植物にあたえる影響だ。むろん、その影響がどの程度、どれくらいの時間にわたって及ぼされるのかによっても、条件はいろいろと変わってくる。

以上あげたような条件がいろいろと組み合わされて、植物の生育に影響をあたえるため、ある種子は芽を出すことができたけれども、ある種子は芽を出せなかったというような現象が起こるわけだ。このような現象を植物群落の科学である植物社会学では環境的秩序あるいは規制、または一次的秩序・規制と呼ぶ。また外部からの条件が原因となって、植物の生活が制限されることから、外因的秩序・規制などともいわれる。

さて、これまで環境という言葉を何度もつかってきた。新聞などでも、最近しばしば見かける言葉だが、環境とはいったい何だろう。

たとえば、温度や光や土壌などその一つ一つは、それぞれ多様な環境の構成条件である。しかし、これらの条件をとりだして、それぞれ別々に、いかにくわしく、精密に測定し、分析して調べても、それだけでは単なる物理的あるいは無機的現象にすぎない。環境とは、生物が生

森林の構成図

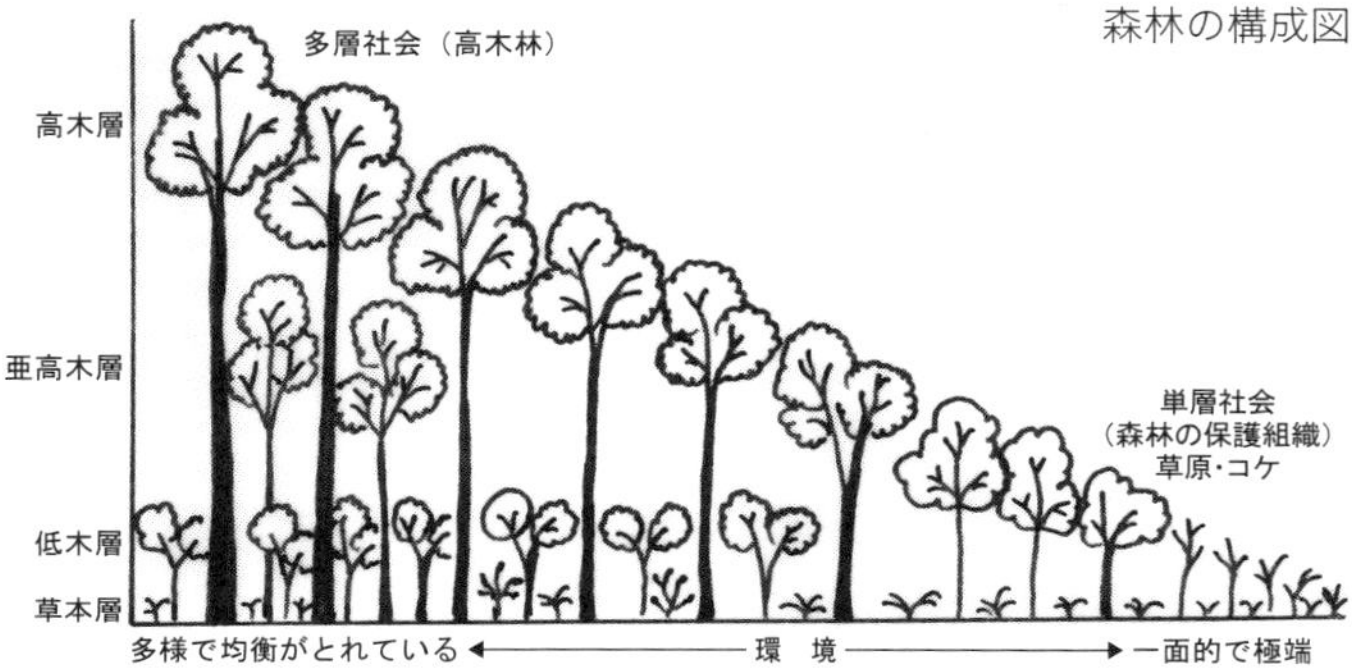

活している場所でみられるこれらさまざまな条件がかさなり合い総合されて、生命と関連をもってきたとき、はじめてつかわれる言葉である。

たとえば公害の問題がある。その要因として、よく大気中にふくまれている亜硫酸ガスや一酸化炭素があげられ、川や海にながし込まれるシアンや有機水銀、鉛などがあげられる。だが、それだけなら環境条件とはいわない。それが人間をはじめとする生命集団に直接あるいは間接に関連をもったとき（川に魚が住めなくなったというように）、はじめて環境条件あるいは環境汚染、破壊要因となるわけだ。

また、私たちが環境条件を口にするとき、前にあげたように気候要因をはじめとする、さまざまな要因で分析できる。だが、それが生命や生物社会に影響をおよぼす場合、個々バラバラにはたらくのではない。いろいろな要素がかさなり合い、おぎない合って、一つの総合的影響をおよぼすのだ。だから、逆にいえば、一つの条件が多すぎたり欠けたりするだけでも、環境条件の中身はガラリと変わってしまう。

よい例に、いろいろな大きさの植物が共存している森があげられる。高木層から土のなかの微生物群まで住んでいるこの植物社会は、多層社会といってもっとも強い自然の代表だ。ここでは、じつにさまざまで、バランスのとれた環境条件のもとに、いろいろの大きさのいろいろな種類の生物による多様な生物社会が成り立っている。ところが、そのうちのたった一つの要因がつよく働きすぎたり、極端にすこししか働かなかった場合には、たちまち生物社会のバランスがくずれてしまう。

人為的要因によって破壊された植物社会（富士山五合目付近）

温度が低すぎる、また風が強すぎる、雨が降らない、またたえず降りすぎてしばしば大洪水におそわれるなど、このうちのどれ一つを当てはめてみても、強い影響が生物社会の上にあらわれずにはいない。極端な場合には、富士山の北斜面にできたスバルラインのように、一本の観光道路ができた（人為的要因）だけで、生物社会はたちまち混乱し、道路沿いの高木から枯

冬季の低温という温度要因が、ハイマツの単層社会を形づくっている。乗鞍岳（二千八百～二千九百m付近）

れてしまう。

これなどは一つの要因が環境条件をガラリと変えてしまった例として、典型的なものだろう。富士山の森林地帯では、前にもお話ししたように亜高山帯と呼ばれるおよそ海抜千四百メートルから二千六百メートルで、シラビソ、オオシラビソなどの大木（興味ぶかいことに、道ができるまではもっとも強い勢力を誇っていた植物だ）が、年間数千本も枯死しつづけている。

このような環境条件と生物社会の関係は、いたるところで見ることができる。

赤道直下の一年じゅう暖かで、しかも多湿な場所は、植物にとって環境条件のバランスがとれている、もっともめぐまれた地域だ。そこでは、超高木層にはじまって高木層、亜高木層、低木層、草本層、コケ層さらにツル植物から無数の微生物群まで、じつにさまざまな生物が多層社会を形成している。それが、地球の南北両極に進むにつれ、環境のなかの温度要因がしだいに一面的に、極端になるために超高木層、高木層が姿を消し、ついで亜高木層、低木層の灌木《かんぼく》が姿を見せなくなり、ついには北極圏のアビスコ付近などのように、コケや地衣類だけのツンドラ帯に姿を変えてしまう。これなどは、温度条件が生物社会全体を変えている例である。

人に踏まれる場所には、それに適した、少くともがまんできるオオバコ、スズメノカタビラなどの限られた草本植物が、踏みあと群落として、同じ条件下では広く北半球の各地に生育している

　君たちの学校のまわりを見わたしてみたまえ。たえず人が踏んでいる校庭には、なにもはえていないだろう。ところが、校庭でも片すみのほうへ行くと、なにもはえていない場所との境あたりに、オヒシバ、オオバコ、ミチヤナギ、カゼクサ、ニワホコリ、スズメノカタビラなどが生育している。これらは人に踏まれても耐えることのできる植物だ。

　これがもっと人に踏まれない場所へゆくと、アキメヒシバ、メヒシバ、シロツメクサなどといった種類に変わる。さらに人に踏まれない周辺部になると、ブタクサ、オオアレチノギク、アレチノギク、ヒメジョオ

ンが生育し、桓根沿いなどには、ヤブガラシなどのツル植物やウツギなどの低木が生育するようになる。

この例などは、人が踏むかどうかという人為的要因が、各植物の生育を規定している身近な実例だ。環境条件の決定的な制限要因として、たった一つの要因でも、一面的に極端にまくと、その要因に耐える種のみが生育できる。君たちの身近な場所で観察できるし、植物社会と環境条件との基本的なかかわりあいの姿でもあるので、一度じっくりと調べてみよう。

十か月後の実験地では

話を私たちの実験にもどそう。横浜国大の大学構内の小さな土地に芽ばえた一万七七七六本の草は、環境規制という関門を突破して、十万〜百万の種子のなかから選び抜かれた植物だったのだ。

この雑草群を君たちにたとえるなら、環境規制はちょうど募集人員に制限のある高校や大学の入学試験にあたるかもしれない。試験問題（環境条件）に答えられたものが入学（発芽）できるからだ。

わずか一平方メートルの土の中にも、これだけはげしい競争があった。一万七七七六本は、その意味から言えば、けっして多すぎる数ではない。私たちは、つづけてこの植物群を観察することにした。そしてふたたび私たちはきびしい生物社会の姿に、目を丸くして驚かなければならなかった。

このたくさんの植物たちのうちで、きびしい冬を越して春を迎え、日光のもとで茎を伸長させ、夏に花を開き、完全に生育して目立たない花を咲かせ、実をみのらせた植物が何本あったと思う？　十か月後にあらためて調べたところ、植物として完全な一生を終えることのできたものは、なんと全体の一パーセントにも足りない七六本だけだった！

私は、生物社会でおこなわれる生存競争がいかにきびしいものかを、このとき目の前につきつけられたような気持がした。わずか十か月とちょっとの間に、一万七千七百本もの植物が、競争に敗れて姿を消していってしまったのだ。[*] 時間との関係でみると、じつに一日に六十本、三十分に一本の割合で死んでいっている計算になる。なぜだろう。この一万八千本たらずの植物群は、みごとにこの土地の環境条件に適応できたエリートではなかったのか？　すると環境秩序規制以外のなにかがあったにちがいない。

＊植物の個体間でわかりやすく言えば、こういう表現に見えるが、大きく生態系全体で見れば、勝ち・敗けの表現は正しくない。枯死した植物は微生物に分解されて、肥やしになり、その集団、社会の存続、発展に貢献している。生態系、自然界に勝ち・敗けはない。すべて、その群落、社会を支える役割を果たしている。

そう、これは仲間どうしの争いなのだ。外部からの働きかけだけによって数を制限されたのではなく、植物社会内部の競争が、一万七千七百本の植物を枯死させてしまったと考えられる。発芽した植物を待っていたのは、彼らの社会にあるきびしいおきてだった。

このおきて（秩序）を二次的秩序規制、あるいは社会的秩序規制と呼んでいる。そして環境的秩序規制を外因的秩序規制と呼んだように、内因的秩序規制とも呼んでいる。

社会的秩序規制を大きく分けると、次の三つがあげられる。すなわち、（1）競争、（2）共存、（3）忍耐またはがまんがそれだ。

競　争

一口に競争といっても、生物社会の競争には、二つの形がある。直接の競争と、間接の競争だ。

直接の競争というのは、生物がおたがいのあいだで空間や養分やエネルギーをうばい合うことを言う。植物でいえば、生長規制と呼ばれるものだ。大地にしっかりと根を張り、一日もはやく大きくなり、葉を四方にひろげて、じゅうぶんな養分と日光のエネルギーを自分のものにしようと努力する。

地上で、地下で、絶え間なくおこなわれている植物の競争は、君たちが想像する以上にきびしい。人間のように、その土地が住みにくければ別の住みよい場所をさがし、逃げだすわけにはゆかないからだ。きびしいなどという言葉を通りこして、悲惨でさえある。

一日も早く大きく根を張り、一日もはやく地上の空間を占めた植物の勝ちだ。もし、ある植物が芽を出したときに、その隣りにすでに大きくなっている植物がある場合、このあたらしい植物に与えられた運命は、三つしかない。

一つは、大きく生長している植物を追い抜いて、自分がその植物にとってかわることである。それがだめなら、つぎには先に大きくなっている植物の下で、おこぼれの養分や光をもらいながら細々とがまんして生きてゆくことである。それでもだめなら、最後の道として枯れて死んでゆくしかない。現実には、そこの植物群落を発達させる役割（肥やし）になるのだ。

植物社会の競争——何十年、何百年と忍耐づよく待つか、がまんできなくて枯れてゆくか

この競争は、おなじくらいの生活能力をもち、おなじ生活形で暮らしている仲間どうしほど、はげしく、きびしい。私たちのおこなった実験で枯死した植物が一万七千七百本にたいして、

生き残ったものが七六本だという事実が、なによりもよい例だろう。彼らは生活能力のよく似た仲間だったのだ。

いっぽう、間接の競争とはどんなものなのだろう。植物で例をあげれば、カラマツの植林地などで見られる。カラマツの落とした葉が、じゅうぶんに分解されないまま林床にたまってゆくため、他の植物が生育できない場合だ。このように、ある植物が、よく分解しない分解途上の粗腐植という物質を堆積したり、ある種の有毒性物質を分泌して、他の植物の生育をしめ出すものを間接の競争といっている。

つまり、この場合、ある植物が他の植物の住みにくい環境条件をつくり出してしまう。気がついたときには、もはや生きていくための環境全体が変えられてしまっていて、まるで二階に上がったところではしごをはずされたような状態になる。

間接の競争――これこそ生物社会でもっとも恐ろしい相手であり、陰険で手ごわい相手なのだ。

人間社会での競争現象

この競争現象をおなじ生物社会の人間社会にあてはめてみると、ひとつの教訓をふくんでいることがわかる。人間の場合は、直接の競争ならきびしいことに変わりはないが、相手もわかっているし競争の要因や内容もはっきりするので、対策がたてやすい。恐ろしいのは間接の競争である。

人間にとって間接の競争とはなんだろう？　それは、人間自身が自分たちの生活環境を、しだいしだいに汚染させ、荒廃させてゆくことだ。最近でこそ、新聞やテレビなどのマスコミが環境破壊の問題をしきりにとりあげるようになったが、一般的には、まだだいじょうぶだという気持が、みんなの心に残っているのではないだろうか。だが、君たちは覚えていてもらいたい。こうしている間にも毎日、汚染と荒廃は進んでいるのだということを。そして、これではいけないとすべての人間がはっきり気づくのは、人類が悪化した環境のもとで大量に死んだ時なのだということを。

殺虫剤、除草剤、食品添加物。私たちの身辺には、このように生態系のなかで正体のはっきりつかめない物質がどんどんふえている。日常の生活環境は徐々に、しかも確実に変わっているのだ。現に人間よりもずっと古くから住んでいたホタルやトンボ、アカマツやモミの木などといった同じ生きているものの仲間は、この環境の変化についてゆくことができず、私たちの周囲から姿を消しているではないか。

間接の加害——環境全体の変化こそ、人類にとって最もてごわい競争相手である。

共存

よく、助け合って生きてゆくのは人間社会の専売特許のように言う人がいる。それはとんでもない思い違いだ、と私は思う。たしかに他の生物社会では、人間の社会に見られるような感覚や意識はないだろう。だが、およそこの世に生まれた生物は、自分が生きつづけるためには、どんなにいやなやつであっても他の生物との共存関係をつづけていかなければならないのだ。このことは動物社会であろうと植物社会であろうと、変わらない現実だ。

農家の人たちの生活の知恵に巣まきというのがある。それは百パーセント近く発芽能力をもっているコマツナや、ハクサイや、ダイコンのような野菜の種をまくとき、かならず五、六粒をまとめて一か所にまくことをいうのだ。一粒だけまくと発芽しないわけではない。

ひとつには虫に食べられてしまったり、小鳥についばまれたりした時の用心のためもあるが、もうひとつには、広い畑に一粒ずつまくよりも、まとめてまいたほうが、発芽当時の生長が早いことにある。このことは実験的にも証明されていることだ。

もちろん、この野菜たちは、大きくなるにつれてきびしい競争相手になってゆくのだが（そのため、ある程度そだったら、いちばんじょうぶな苗を残してあとは間引く）、すくなくとも小さな苗の時期には共存しながら生育させたほうが結果はよいようだ。これを密度効果という。

競争の話のところでいったが、能力が同じくらいで生活形が同じものの間ほど、競争関係ははげしい。ところが生活形の違うもののあいだでは、ちょっと見ると競争関係のように見えても、じつは共存関係にある場合が多い。

たとえば、シイやタブノキやカシ類の常緑広葉樹林のなかを見てみよう。大きなシイの木は、天高くそびえて、空中いっぱいに枝をひろげ、いかにも林の主人公らしく力強く生きている。いっぽう、低木のヤツデやアオキ、ヒサカキ、さらに低い草本植物のベニシダ、ジャノヒゲ、ヤブランなどは、シイの木陰で限られた空間を分けてもらい、限られた養分をうばい合ってほそぼそと生きているように見える。植物にとってたいせつな日光も、わずかにシイの木の葉からもれる光、散光を分けてもらっているようだ。そこでは、きびしい生存競争がたたかわれているように見える。

競争相手も共存のなかまだ

ところが、この高木と低木、草本植物のあいだには、じつは微妙な共存関係が成り立っているのだ。それが証拠に、高木のシイを伐採すると、急に光や風が林内にはいってきて、陽生の多くは本来の森の林縁をとりまいて、森の群落の保護組織の機能を果たしていた、林縁のマント群落と呼ばれるクズ、カナムグラ、まわりのネザサ、ススキなどが急に林内に侵入して、低木のアオキや草本植物のベニシダなどは生育の場を圧迫され、中には枯れるものもでる。逆に低木層や草本層を定期的に伐採したりをくり返し行うと、ヨーロッパなど世界の森が家畜の林内放牧で下草や低木が失われ、高木もやがて枯れてしまったようになってしまう。このことからも、高木と低木、下生えの草本植物との関係はきわめて緊密な共存共死の関係にあることがわかるではないか。

むかし、オリーブ気候で名高いヨーロッパの地中海地方は、降水量が少ないので葉のクチクラ層が発達して、蒸散を防ぐ葉をもった硬葉樹林と呼ばれる常緑広葉樹林がたくさんあった。古代ローマができる以前のイタリア半島などは冬も緑の硬葉樹林を主とする森林でおおわれていたと伝えられている。ところが、人間の活動が活発になって家畜を林内にくり返し放牧するようになると、下草が全滅して、さすがの大森林も荒れたサバンナ状の荒原、赤土の裸山状の大地となってしまった。多様な植物群が形成している森林も、どれか一つを破壊するだけで、もろくもくずれてしまう。生物社会の共存の関係とは、それほど直接、間接の強いきずなで結ばれたものなのだ。

忍耐、またはがまん

君たちの中には、あまり学校が好きではない人もいるかも知れない。「あーあ、学校なんてきらいだなあ。いやな科目はあるし、試験はあるし、もっと自由に好きなことをして暮らしたいな」こんなふうに思っている人が、あんがい多いのではないか？ なるほど、もっともな面もあると思う。たしかに、人間の社会にはいろいろと思いどおりにならないことが多い。もうすこしお小遣いが多かったら、もうすこし遊ぶ時間が多かったら、と思うのは君たちだけではない。私だってそうだ。人間の社会にはがまんしなければならないことが多すぎる。

だがこの考えは、すこしばかり身勝手な考えだ。生活してゆくうえで、がまんをしてゆかなければならないのは、なにも人間社会だけに限ったことではない。

生物として、この世に命をもって生まれてきたものはすべて、それぞれの生物社会の一員に組み込まれる。そして、この世で生きてゆくためには、すべてある程度のがまんをしてゆかなければならない。そうしなければ健全に生きてゆけない。そのことは密林に住む野獣であろうと、人間社会の権力者であろうと同じことだ。

いや人間なら、いやになればそこから逃げだすことも、やめることもできる。だが、植物などは生まれた場所が気に入らないからといって、そこから逃げ出すことは絶対にできない。がまんして生きてゆくか、死んでしまうか、二つに一つなのだ。その意味では、植物の世界こそもっともがまんを重ねなければならないところだ。

とくに森林のように、すでに一つの社会が成り立っている場所に生育する若い植物は、ひたすらがまんすることが生活になる。シイやカシ類の森の中のヤツデやアオキのように、生活能力や生活形が違うもののあいだでは、現実にはそれほどはげしい争いは起きず、かえって生活の場をすみ分けて共存することがお互いのためになることは、すでにお話しした。だが、たとえばシイ、タブノキ、カシ類の高木林の中に、おなじシイやタブの若木が生育する場合、親木が枯れるまで、あるいはクス、イチイガシやシラカシのように、シイやタブよりさらに高木になるような植物が生育した場合は、高木層のすぐ下の亜高木層まで生育して、先輩の高木が枯れて自分たちの時代がくるまで、じっと待ちつづける。

〝石の上にも三年〟ということわざがあるように、人間の社会なら、せいぜい三年も待てば、たいてい事情が変わって先が開けてくる。ところが植物の世界では数十年、いや時には数百年ものあいだがまんしつづけるのだ。数多くの植物はがまんしきれずに枯れてゆき、がまんにがまんを重ねた少数の植物だけが、じゅうぶんに生活力をたくわえ、先輩が老衰したり、虫や風やカビなどの被害を受けて倒れたすきにすばやく大きくなって、つぎの時代のチャンピオン（優占者）になることができるのだ。

私たちの実験でも、あきらかに競争、共存、がまんあるいは忍耐という、植物、いや生物社会の鉄則は観察できた。

きびしい環境的秩序規制のなかから芽ばえた一万七七七六本の植物は、十か月のあいだに社会的秩序規制である競争、共存、忍耐（がまん）をつづけながら、七六本が完全な姿で生き残った。

だが十か月後の実験地をよく観察すると、オオアレチノギクをはじめとする七六本の植物の下に、コニシキソウやザクロソウなどの匍匐状（地面にはって生きている）の植物やヒルガオのようなツル植物が幾本か生きていた。これは生活形の異なる植物が共存していたと見てよいだろう。また、おなじオオアレチノギクでありながら、他の完全なもののように一メートル以上にはなれず、ヒョロヒョロとした三十センチくらいのものが十数本まだ枯れずに残っていた。この植物は、ほとんど葉もなく、種をつけてもいない未熟児なのだ。彼らは同種どうしのはげしい生長競争には負けたが、がまんしつづけて枯死することを当分の間まぬがれた植物だった。

このことはなにを物語っているのだろう。わずか一メートル平方の狭苦しい世界にも、きびしい生物社会のおきてが生きていたことをはっきりと物語っているのではないか。おたがいにいがみ合いながらも、少しずつがまんしながら共存し、狭い場所をすみ分けている典型的な生物社会を示すことによって……。

私たち人間社会に身を置く者も、生物社会の一員としての大きな視野から、多様な環境的秩序規制ときびしい社会的秩序規制をどう人間の、人間社会、国家間での発展に結びつけていったらよいか、みんなで考えてみようではないか。植物社会の教訓を単なる現象として見すごすか、私たち人間社会の未来のために生かせるか、今こそ一人ひとりが、社会が、国家間で発展するか、破滅するか、英知をもつ一人ひとりの人間の真価を問われる分岐点である。

競争相手がいると、いないとでは……

エーレンベルグの実験

ドイツにエーレンベルグという有名な生態学者がいた。ゲッティンゲン大学の教授で、植生学者として私も同大学の名誉理学博士の称号をもらった。彼はあるとき、ふしぎな体験をした。第二次大戦が終わってポーランドに旅行したときのことだ。ふしぎな体験の主役は、コメススキというイネ科の植物である。

コメススキは、日本でも浅間山などの溶岩流上などに先駆植物（パイオニア）として生育している、ごくふつうのイネ科植物だ。その植物を指さして、ポーランドの植物学者たちが言った。

「エーレンベルグさん、これはもっとも湿っている場所にはえる植物なんですよ」

これを聞いたエーレンベルグは、びっくりしてしまった。なぜなら、コメススキはドイツでは砂地だとか岩場などのように乾いた場所にはえる代表的な植物といわれていたからだ。ところが同じコメススキをポーランドで見てみると、じっさいに湿原やその他の湿った場所にはえているではないか。

きびしい環境には耐えうるが、競争力の弱いコメススキ。浅間山の山頂近くの溶岩上の裸地にそって斑紋状に自生している

エーレンベルグは考え込んでしまった。「自分がいままで勉強してきた植物学の知識は正しいものだったのだろうか」

好湿生植物、好乾生植物などという言葉があるくらい、湿った場所が好きな植物は湿ったところにはえているし、乾いた場所が好きな植物は乾いた場所にはえている。すくなくともそれまでは、そう考えられていた。では、このコメススキは、いったいどちらなのだ。湿ったところが好きなのか、乾いたところが好きなのか。

……彼は迷ってしまった。

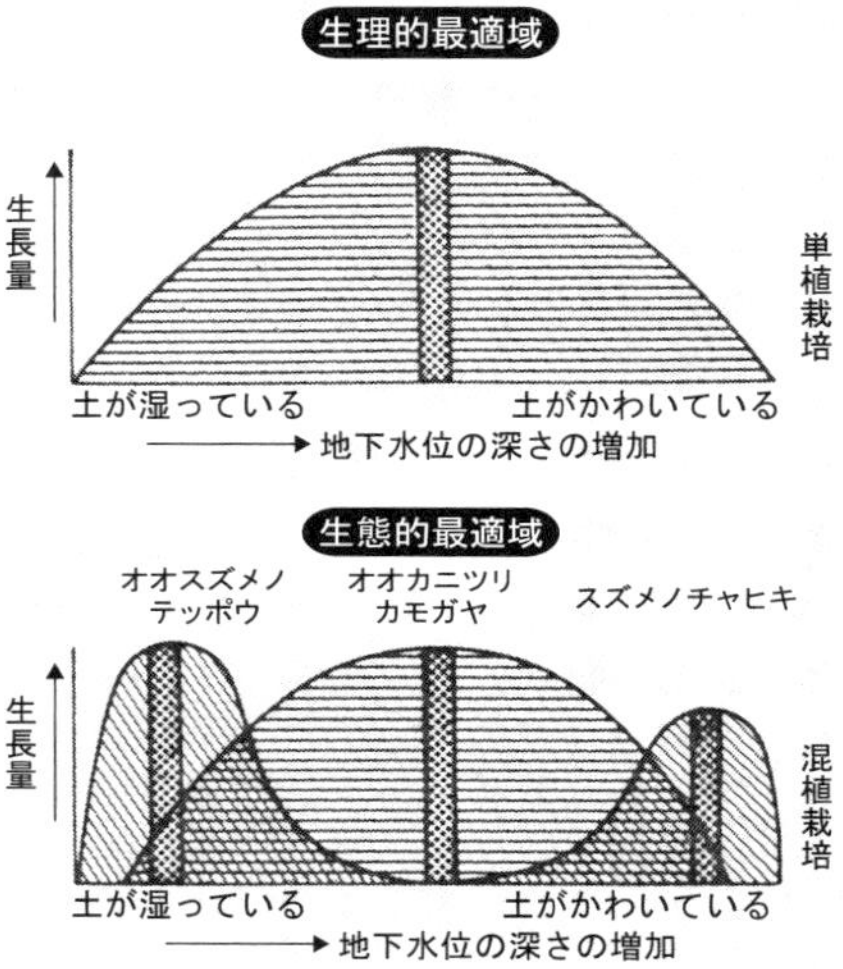

エーレンベルグの実験結果

ポーランドの旅行から帰ったエーレンベルグは、国立植生図研究所からシュトゥットガルトのホーエンハイムという農業大学の講師として赴任し、そこで助手のヘルムート・リート博士たちとさっそく一つの実験をはじめた。

彼らは実験農場の一部に、5×10mの実験圃場をつくった。まず、水を張って、水面から上のほうへ土を積んで傾斜地をつくった。水にもっとも近いところは湿地の、水からもっとも離れたところは乾燥地の条件を人工的につくり出したわけである。そして、この傾斜地の上にヨーロッパの牧草としてひろく大陸各地に生育しているオオスズメノテッポウ、カモガヤ、オオカニツリ、スズメノチャヒキなど四種類の牧草の種をまいてみた。

最初は、四種類の牧草をそれぞれ一種類ずつ単植栽培してみた。すると四種類が四種類とも、乾きすぎず、湿りすぎない斜面の中央部で最大の生長量を示した。競争相手のない単植栽培では、どの植物もめぐまれた立地でもっともよく生長する。

つぎに、その四種類の植物が野外の牧野で自然に生育している状態と同じように、種類をまぜて混植栽培をおこなった。するとどうだろう。単植栽培の時とだいたいおなじ生長量を示したのは、カモガヤとオオカニツリの二種類だけだった。スズメノチャヒキという草は、いちばん水から離れた、乾いたところで最大の生長量を示し、反対に水に近いところではまったく生育しなかった。逆にオオスズメノテッポウは、水に近いところで最大の生長量を示した。

スズメノチャヒキは現実に、ヨーロッパ大陸の中部から地中海地方のジュラ紀の石灰岩からなる乾燥した土地に自生しているものだし、オオスズメノテッポウは、日本の冬の水田に生育するスズメノテッポウとおなじ仲間の湿った土地にひろく見られる植物だ。混植栽培実験の結果は、ほぼ自然の生育地域と一致している。

実験の結果、エーレンベルグはひとつの貴重な真実を教えられた。

「いままで、単植栽培実験の結果がそのまま自然にも通用すると考えてきた植物学の通則は、かならずしも正しくないのだ」と。

ポーランド旅行以来の疑問が、こんどの混植栽培実験ではっきりした。

自然の山野には数多くの競争相手がいる。自分より強い相手がもっとも住みよいところにいる場合は、心ならずもか、強敵のいないきびしい条件の土地で生きてゆかなければならないのだ。ひどい時には、コメススキのように、多湿、乾燥とまったく正反対の、日本では浅間山などの火山噴火物上などの、雨が降ってもすぐに乾く、しかも養分の全くないような極端な立地で、競争相手のいない、雨が降っても流れてしまう乾燥した立地、あるいは湿りすぎた環境で生育させられる場合もある。いや、そこが、いつまでも生育できる立地である。

エーレンベルグは、植物が生育するためにもっとも適した環境には二つの場合があるのではないか、と考えた。

その一つは、単植栽培の実験で最大の生長量を示す場所で、もし競争相手がいなければ、適度の水分と養分を自由にとり入れて、のびのびと生育できる地域だ。彼はこのような地域を**生理的最適域**と名づけた。

もう一つは、混植栽培の実験で最大の生長量を示したような場所だ。つまり自然に近い状態で、ある植物が自分よりも競争力の強い植物によって生理的に最適の場所をうばわれているため、その場所から押し出され、もっときびしい条件のもとで持続的に生育しているような地域である。そんな地域を、彼は**生態的最適域**と名づけた。*

*日本のカラマツやアカマツなどの針葉樹も生理的生育域と生態的生育域は異なる。たとえばカラマツは、尾瀬ヶ原湿原のもっとも多湿なところ、上高地の梓川沿いの、洪水で流される水際に、他方では雨が降ったらすぐ乾いてしまう富士山の溶岩上の乾湿の差のはげしい立地で、他の競争

力の強いシラビソ、オオシラビソなどが生育困難なきびしい立地条件のところにのみ天然林がみられる。

すこし不満を残して生きる

「なるほど」と私は思った。「生理的最適域に生態的最適域か。おもしろいことを考えついたな」

人間でいえば、冬は暖房、夏は冷房というぐあいに、いつも生理的に快適な活動しやすい環境は、たしかに自然環境とはまったく違う。それを生理的最適域とはうまく名づけたものだ。私は感心したが、ぜんぜん疑問がなかったわけではない。

生理的最適域という言葉は全面的に納得できる。だが生態的最適域のほうはどうだろう？　自分にとってもっともよい環境条件からややはずれて、湿った場所や乾いた場所に追いやられることが、エコロジカル（生態的）最適域という言葉で言いあらわされてよいのだろうか？

いまから十年ほど前（二〇一五年の現在からは五十年以上前）の、一九六〇年十月のことである。私は、たまたまエーレンベルグ教授の家を訪問する機会を得た。植物学の研究で二年あまりドイツで生活していた私は、日本へ帰る前のひとときを、このすぐれた学者と議論して過ごそうと、一時間ほどの約束で彼の家を訪れた。ところが、話は植物学の話から、民族、宗教など、次から次へとはずんでゆき、とうとう一晩語り明かしてしまったほどだった。

よい機会なので、そのとき私は年来の疑問を率直にぶつけてみた。生理的最適域ということはわかるけれど、生態的最適域というのはどうだろうかと。つまり私は、植物が自然のなかで現実に生育している地域を頭から最適ときめつけてよいものかどうか疑問をもっていた。生態的最適域というよりも、むしろ生態的忍耐域、または生態的生育域といったほうがよいのではないかと考えていたのだ。

だが、いまになって考えれば、エーレンベルグの言った最適域という意味の深さが、私にもわかるような気がする。ある生物社会が健全で長いあいだ繁栄してゆくためには、すべての欲望がほんの短時日のあいだ満足できる本来の最適、すなわち最高生育域から多少ずれていて、なんでも思いどおりになるとは限らない環境のほうが、よいかもしれないからだ。そのほうが、かえってバランスのとれた社会を保ってゆくのにはよい状態だろう。もし、あまり強くなりすぎ、すべての競争相手にうちかってあらゆる欲望がかなえられたなら、その個体も種族も社会も国家も滅亡してゆくのが生物界の鉄則なのだから。生態的最適域とは、生物社会の本来の意味から言って、まさに長つづきのする最適の地域だったのだ。

すべての生物には、生理的最適域と生態的最適域とがある。それを人間の社会にあてはめてみるとき、私にはちかごろの人間の生き方に、ある種の恐ろしさを感じないわけにはいかない。

私たちの日常生活は、あらゆる欲望を満足させる方向に進んでいる。何百キロも離れた場所にはやく行きたいと思えば、飛行機があっという間に運んでくれる。遠くの人と話したいと思えば、電話ですぐに話せる。今では、電子メール、ファックスなどもある。暑いときは冷房、寒いときには暖房。土地がデコボコしていて、人間が住むのに適さないと思えば、ブルドーザーが出てきてたちまち平らにしてしまう。衣料、食物、自動車など、人間の欲望を満たすために、工場はあたらしい製品をこれでもか、これでもかと生産して提供する。

だが、その一方で、国土開発による緑の植物の消滅や、工場の排気ガスや廃液による環境破壊のほうも進んでいる。

人間のかずかずのせつな的欲望がすべて満足させられるような社会が生まれようとしている半面、人間生命の持続的な存続がおびやかされるような画一的な社会化、文明化も進んでいる。矛盾した世の中だと、君たちは考えるだろう。だが、この現象はかならずしも矛盾ではない。

自然の山野に生きるもの言わぬ植物たちは、きわめてきびしい条件のところで、生理的に最適とはいえない場所でがまんをかさねながらも、力強く生きているではないか。そして何代たっても、そこから消滅しないで生きている。この姿に、私たち人間が学ぶところはないだろうか?

ことわっておきたいことがある。私はなにも人間の文明が進歩することに反対しているわけではない。便利なことは、不便なことよりもよいにきまっている。ただ、目先の欲望をすこしでも早く満足させるために、現在のように遠い将来までを見ようとしないで環境をこわしつづけてゆく。すると、これが人間にとって最高の環境だと胸を張ったときに、そこがじつは人間にとって最適地でもなんでもなく、人類の墓場だったということがあると言いたいのだ。

目的を達するためには多少の犠牲もしかたない、というような考えを捨てて、まわり道でも時間をかけて目的に進むのだ。そのために環境をみずから破壊するような愚かなことは避けようではないか。まわり道をするのもまた、がまんの一つだ。そして、ある程度がまんのあるような状態こそ、生物社会にとってもっとも健全で、長つづきする状態なのだ。

植物社会は動いている

荒地に木がはえるまで

君たちは、動物と植物のどちらがおもしろいと思う?

「きまってるさ、動物は動くし、植物は動かない。動物だね」

だけど、動くか動かないかで判断するのだったら、これはちょっと見方が表面的すぎる。植物の社会だって動いてるのだ。いや、見方によっては、植物のほうがずっときびしく、はげしい動きがあると言ってもよい。

人間の目には、なるほど植物が動いているとは見えないだろう。植物には動物のように動き回ることはできない。だが、庭先の雑草の世界でも、森のなか、川のほとり、あらゆる植物の世界は、たえずダイナミックに動きつづけているのだ。

ひとつの典型的な例を見てみよう。

富士山や、伊豆大島の三原山、北海道の昭和新山や鹿児島の桜島などで見られるように、火山が爆発してできた砂地や溶岩の上を観察してみる。あたらしい溶岩が流れ出した場所や、あたらしい火山灰の上には、どのような生物も見かけない。そこは火山荒原といわれる死の砂漠なのだ。

ところが、長い時間が過ぎると、さすがの死の砂漠も、すこしずつ変化してゆく。きびしい温度や光、あるいは水などの影響によって、物理的、化学的に溶岩が風化され、小さくこわされていく。岩石がこわされていって、だんだん土に近づいていくのだ。でも、これは土ではない。土の基になるものという意味で、土壌母材料と呼ばれている。このような状態になれば、たとえ一時的にもせよ、死の砂漠に緑の若芽が顔を出すことがある。わが国のように六月ごろ、梅雨とよばれる長い雨期がつづくとき、小さな岩の粒も一時的に水分をふくむことができる。するど、そこに風で運ばれてきた草の種が芽をふくわけだ。

だが、せっかく芽を出した草も、八月ごろの強い太陽の下で枯れてしまう。岩がくだかれて

火山荒原の開拓者シマタヌキラン

できた小さな砂粒だけでは、乾燥期になると水分を保ちつづけることはできないし、第一、養分となる有機物を提供することもできないからだ。

　そのようなことをくり返している間に、しかしながら状況はすこしずつ変化してゆく。たとえ、死の砂漠に芽ばえた植物が、わずか二か月たらずのうちに、花も実もつけないまま枯れてしまっても、すこしずつ、無機物の小さな集まりである土壌母材料は変化する。枯れてしまった植物の死骸がまじっていって、やがて腐植をつくり、無機物のなかに有機物がすこしずつたくわえられるからだ。こうして、すこしずつ土らしい形に近づいてゆく。死の砂漠にも、ようやく生命が誕生できそうな環境ができあがりそうになってきた。

　すると、つぎの年には八月の強い日差しが照りつける乾燥期になっても、腐植をふくんだ土壌に水分をたくわえる力ができたので、芽ばえた植物は枯れないで、がんばることができる。もしかしたら冬を越せる植物が出てくるかもしれない。冬を越せないまでも、そこで花を咲かせ、実を結ぶことはできるだろう。こうなれば、土壌の発達は飛躍的に進んでゆく。つまり環境が改善されていって、ついには草本植物群が定着するようになるだろう。火山荒原と呼ばれる死の世界も、こうして生命をはぐくむ大地としてよみがえるのだ。

ここまでくると、九州の桜島や関東の伊豆大島などでは、まずハチジョウススキやイタドリ、シマタヌキランといった草本植物群落が、火山地帯にまばらな群落をつくる。もし、この植物たちがそれ以上環境改善をしなかったら、ほとんど半永久的にその場所で安定した生活ができるだろう。だが、すべての植物は、いやすべての生物は、この世に生まれた以上なんとかして、よりよい環境をつくり上げようとするものだ。

斑紋状に裸地をおおってゆくハチジョウススキとイタドリ

ハチジョウススキやイタドリも例外ではない。せっせと環境を改善しつづけて、仲間をふやしてゆこうとする。するとやせていた土地は、落葉、枯れ草などが次第に土にまざってどんどん土壌が厚くなって、地味が肥えてくる。さあ、これでやっとハチジョウススキ

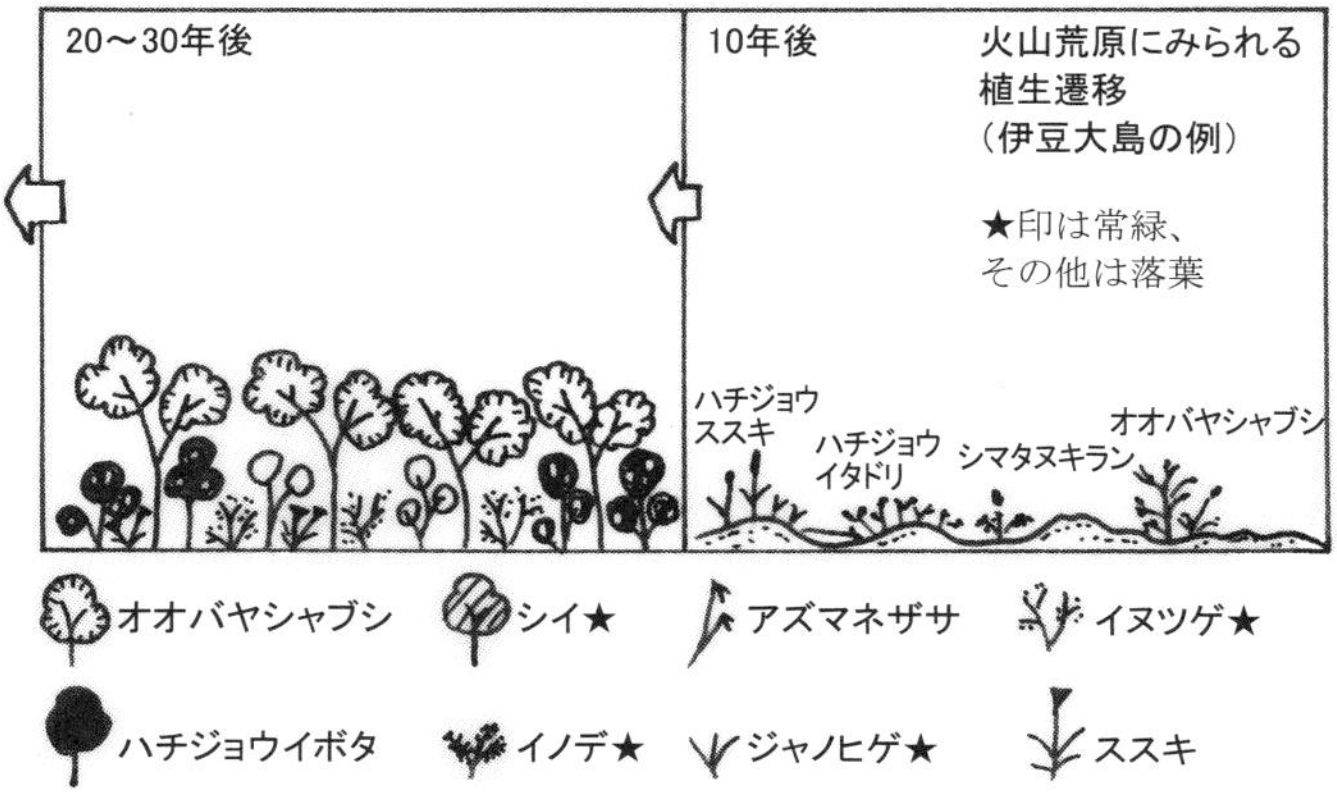

やイタドリの理想的な生活環境ができあがったわけである。

死の世界だった火山荒原を、ようやくハチジョウススキやイタドリの緑の草なみが一面におおうことのできる時代が来た……、と君たちは思うだろう。ところが違うのだ。

彼らがじつに何代にもわたって、やっときずき上げたより豊かな環境に、キブシ、ニワトコ、ウツギなどといった、草本植物より競争力の強い低木たちが、先住草本植物にかわってあたらしい群落をつくり上げてしまうのだ。

このあたらしい植物群落にとって、ハチジョウススキやイタドリがつくった環境は、じゅうぶん満足できるものではない。だから、彼らもハチジョウススキのようにせっせと落ち葉を落とし、腐植を増しながら環境改善にはげみ、やがて生態的最適条件（やや不満足

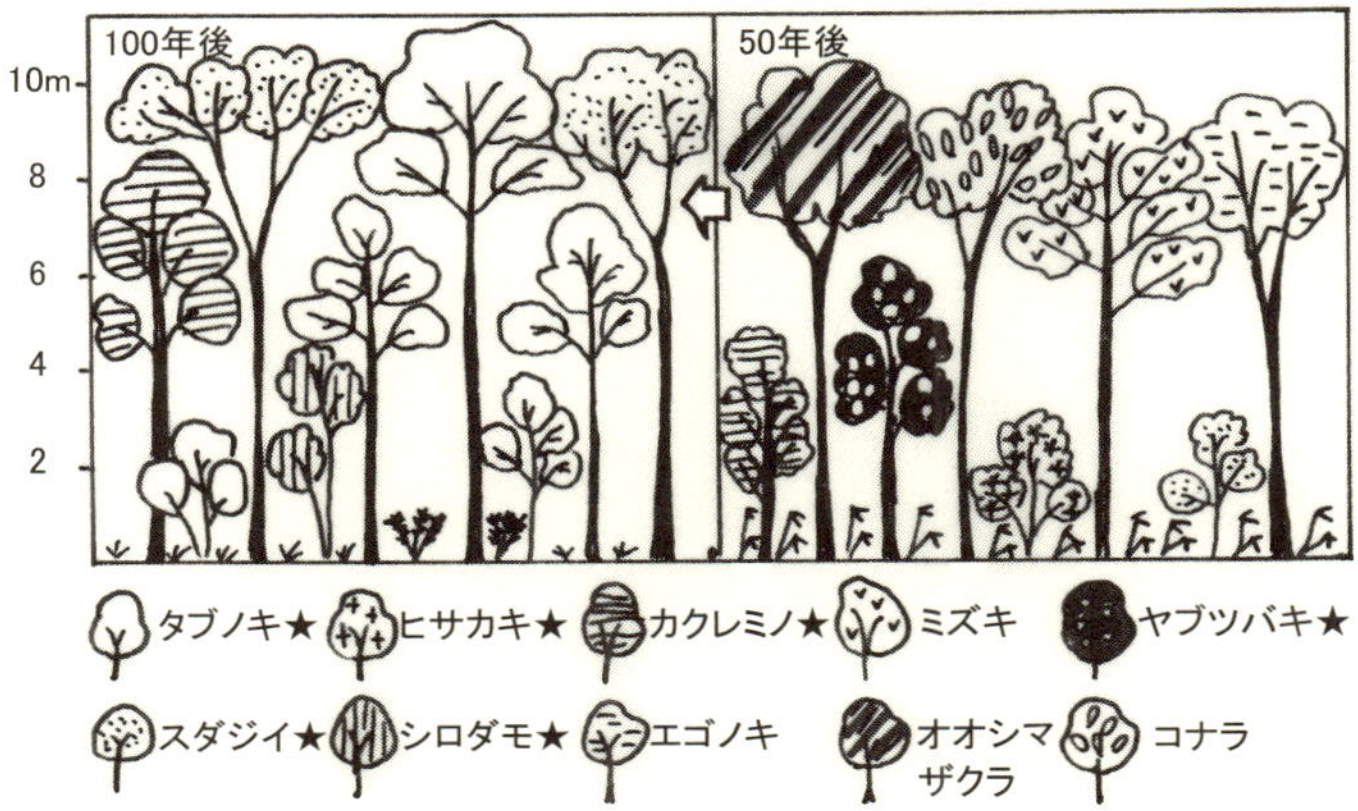

な状態）を越えて、自分たちにとって最高の条件をつくり出そうと努力する。

すると、ちょうど彼らがハチジョウススキやイタドリにとってかわったように、クヌギ、コナラ、エゴノキなどのさらに競争力の強い夏緑（または落葉ともいう）広葉樹に自分たちの土地をうばわれてしまう。クヌギ、コナラ、エゴノキなども同様にして、やがてスダジイ、タブノキ、モチノキ、ネズミモチ、ヤブツバキなどの土地本来の常緑広葉樹に、生活の場の主役の座を引き渡す。

こうして、シイやタブノキが高木層を形成し、亜高木層から低木層、草本層にいたるひとつの安定した植物社会・多層群落の土地本来の森が誕生する。このように、その土地の環境条件と一応バランスのとれた植物社会の状態を、クライマックス（climax 極相）と言う。そして、クライマックスにいたるまでの植物社会の動き、つまり、ある植物群落があたらしい環境の変化のため、他の植物群落におきかわることを**遷移**（succession）と呼んでいる。

生物社会の鉄則

植物の世界における遷移の例もまた、人間にとって多くの教訓をふくんでいる。

私たちは植物が苦労して根をおろした土地の環境を、たえず改善することによって遷移が起こることを見てきた。一般に植物社会では、自分の意志で環境改善をおさえるということはできない。たとえ瞬間的であろうと、あくまで自分の欲望が満足できるように、環境を変えつづける。その結果、自分でつくり出した環境に適応しきれなくなって消滅していく運命になる。

だが、これは植物の世界にだけ通用する話ではない。原則として、すべての生物集団（社会）に当てはまるはずだ。人間の世界でもまったく同様である。生態学的な最適条件を越えて、すべての欲望が満たされる最高条件は、むしろ危険である。そういうあらゆる欲望が満たされる最高条件に達した時には、余程注意しないと、次の破綻にむすびつく。最高条件にまで環境を変えたとき、あたらしい環境に適応できなくなって急速に破滅していくのが、生物社会の冷酷な鉄則だ。

現在、私たちが産業を発達させ、快適な人工環境をつくっていることが、植物社会の環境改善とまったく違うものだとよいのだが……。

ところが、現実には数多くの人びとが、よりぜいたくで、安易な、快楽をもとめる生活を自分のものにしようと、目の色を変えて動きまわっている。さまざまな欲望をコンピューターなどの精密な機械の力を借りて、あっというまに実現するような生活環境をつくりあげようと、まっしぐらにつき進んでいる。

半面ではそうした人間の意志によって、公害とか自然破壊、さらには予測されなかったような地域（ローカル）から地球規模（グローバル）の自然のゆりもどしとも言えるような自然災害が、各地で頻発している。このように、深刻な、持続的生存環境の破綻状態になっている。このことが、人類を破滅にみちびく危険性がないとはだれにも断言できないだろう。生物が存続する最適の状態とは、すべての欲望が満足できる最高の状態のやや手前、つまり、ある程度のきびしさに耐え、多少のがまんはしなければならないような環境にあるのだということを思い知っておいてほしい。

すでに、東京、横浜、大阪、名古屋などといった日本の大都市では、人間が持続的に健全な生活をいとなむことのできる最適条件を越えてしまっているのではないかとさえ思われる。もし、そうだとしたら深刻な問題だ。

さきほど植物社会では、みずからの意志によって環境を変えつづけるのをおさえることができない、と言ったが、じつは最後の段階で生物はみな自分で自分を制限（自己規制）するのだ。それは大量に死ぬことによってである。そして、バランスを回復する。

人間もまた生物の一員だから、大量死による解決しか、方法が残されていないのかもしれない。だが、それではあまり悲しすぎるではないか。すくなくとも、私たちは自分からホモ・サピエンス（知恵のあるヒト）と呼んでいるではないか。いまこそ、君たちも私も、もっている英知のすべてを傾けて、健全な未来を生き抜けるための転機にたたされている事実を正しく理解して、あたらしい時代を生き抜く方法を考えるべきである。

5 生き延びるための試み

自然・生存環境の保護・再生のために

弱い自然、強い自然

君たちは、よく学校で友だちとふざけあうことがあるだろう。ほっぺたを突っつきあったり、からだを押しあったり、相当のわんぱくをやっているのではないかな。でも、それは危くないことがわかっているからだ。もし、ほっぺたを突くのとおなじ勢いで目のなかに指を入れたらどうなるか。わかりきったことだ。たちまち目はつぶれてしまう。

からだについては、こうしてよいこと、悪いことを人間はちゃんと承知している。それなのに、自然にたいしてはおなじ配慮をしようとしない。自然にだって、自然の一員としてしか、持続的には健全に生きてゆけない私たち人間のからだと同じように、弱いところや強いところがあるというのに……。

野も山も、水べも高い山も、人間は次から次へとブルドーザーを持ち込んで、開発という名の自然破壊をおこなっている。人間の自然破壊のおそろしさは、それがとんでもない場所に、思いがけない形で起こるものだ。

先日の『毎日新聞』は、日本三景の一つである松島の松が枯れようとしていることを報道している。原因はカラスの大集団が住みついて、枝といわず葉といわず、カラスのフンが付着したためだという。地上にはフンが十センチ以上も積もってしまった。こうなると自然は弱い。

直接の原因はたしかにカラスだ。だが、ほんとうの原因は人間の行動にある。その事情を東北大学の奥津春生教授は、「現象的にはカラスのためだが、けっきょくは人間がゴルフ場をつくったり、山林を宅地化したために、カラスがねぐらを奪われて、人間の手のとどかない松島に住みついたから起こったことで、人間の開発が間接的に自然をこわしている一例だ」と警告している。

松島のマツはカラスのフンで枯れ、落葉樹にとってかわられた。この真犯人はカラスではなく、人間なのだ

　この例のように、めくらめっぽうの開発は、どんな形で自然をこわしてしまうか見当がつかない。すべての開発をやめることは無理かもしれないが、すくなくともやる以上は、じゅうぶん将来の見通しをたてた上で、計画的に開発していかなければならないだろう。弱い自然には手をつけず、強い自然だけを許される範囲で開発するのだ。

弱い自然――山の尾根筋。ここには手をつけず、強い自然にスギやヒノキの植林をしている（伊豆半島）

では、弱い自然とはどんなところだろう。それは、奥まったくぼ地、川沿い、海辺などの水ぎわとか、ジメジメしている湿原。あるいは山の尾根筋や急斜面などといったところである。

最近、話題をまいた北関東尾瀬《おぜ》沼の近くに観光道路を通す計画は、良識ある人びとの努力でとりやめになった。尾瀬のような湿原地帯は、自然のなかの、いわば目の部分である。その近くにコンクリートの道路を通したらどういうことになるか。まるで焼け火ばしを人間の目に突っこむことと同じような結果になるだろう。うつくしく魅力的でも弱い自然であり、湿原生植物の豊庫といわれる貴重なこの土地は、短日時のあいだに姿を消してしまうにちがいない。

自然度の高いところほど人間の干渉に弱い。また復元が困難である。わが国に残された戦後の〝自然の聖域〟尾瀬の破壊は、まず貴重な学術研究の対象を失ってしまうこと、さらにこういう状況がしだいに地球上にひろがると、ついには人類の破滅を引き起こしかねない、ということを理解してほしい。

わたしたちの祖先は、この点、じつにたくみに自然を開発し、賢明に利用してきた。数千年の長い時間をかけて、自然の目とほおとを見分けてきたのである。弱い自然は鎮守の森のような形で残し、強い自然だけを利用してきた。

ところが、現代人はあたらしい土木技術を身につけ、ブルドーザーなどによっていままで開発できなかった自然も、ごくかんたんに開発できるようになった。そのために、かえって強い自然、弱い自然の見さかいなく、破壊しているのだ。このことは、私たち現代人としておおいに注意しなければならない。祖先の知恵にならって、弱い自然は保護し、強い自然をその土地の自然のシステム、生態系の許容範囲内で利用してゆくのだ。富士スバルライン、八幡平、霧が峰、奈良県の大台が原、愛媛県の石槌山、沖縄の西表島などのあやまちを、私たちはもうこれ以上くり返すことはできない。

大規模な開発に植生図を

人間がおこなう開発が、どんなにすさまじいものであるか、そのよい例は、東京都の多摩ニュータウンや横浜市の港北ニュータウンの建設に見ることができる。このあたらしい町づくりがおこなわれている関東平野と呼ばれる地域は、火山灰が堆積してできあがった台地だ。自

極端に弱い自然——尾瀬（アヤメ平）。ハイカーが踏みつけただけで、帰化植物さえ生育していない

然状態では、この台地の地表面は一年間で一ミリ以下しか動いていない。ところが、大規模な工事で山をけずり、谷をうずめて、すさまじい勢いで住宅地の造成がおこなわれている現在では、あっという間に高低差二十～四十メートルの変化が起こっている。このような工事によって、平均三十メートルくらい上下に地形を動かしたとすると、いってみれば自然が三万年かかってやっと変形する地形を、人間は三年たらずでやってしまったことになる。

むかしの人がしたような、長い時間をかけて試行錯誤をくり返しながら経験的におこなってきた無理のない土地利用とは異なり、このような大規模な開発には、たった一度の試行錯誤も許されない。どうしても成功させなければならないのだ。もし失敗したら、そこに住むおおぜいの人たちの上に、土砂くずれ、大洪水、地震、津波、大火、山崩れなどによるとり返しのつかない惨害を招く

乗鞍岳車道（長野県側）の惨状——目玉に指をつっ込むのと同じだ

ことになるだろう。

そのためには、今後このような大開発をおこなうために、どうしてもあたらしい総合的な科学の力を借りなければならない。

それは、ここは弱い自然、ここは強い自然というように自然の能力を診断して、診断図をつくり、それにもとづいた土地開発をすることである。植物の世界では、このような診断図を**植生図**といっている。植生図は、どこにどのように植物が生育していて、どのような植物群落を形成しているか。また土地本来の潜在自然植生を判定して、そのひろがりを地図にしたものだ。

むずかしい表現だが、植物がそれぞれの土地のあらゆる環境条件（しかもその総和）に耐えて群落として生育している状態を、具体的に地図上にあらわしたものが植生図なのだ。だから、それは生命集団の側から環境を総合的に見る指標図の役割をはたす。もちろん、そこに住む

多摩ニュータウンの建設現場

動物も指標につかえないことはないけれど、彼らは動きまわるため、あまり信頼がおけない。むしろ、一度芽ばえたら枯れるまでその土地を動けない植物は、あらゆる条件をまともに受けて生育しているため、もっとも信頼のおける指標となる。植生図は、科学的な植物群落の具体的、空間的な配分図であると同時に、自然の診断図でもあるのだ。なお、この植生図には二種類あることを付け加えておこう。これまで説明したものは**現存植生図**、いま現にその土地に生育している植生（植物群落の総体）の配分を具体的に地図にしめしたものだ。これにたいして、その土地にわずかに残っている残存自然植生あるいは残存木、土壌の断面とか土地の利用形態などを総合的に調べ、本来その土地に適し、生育するはずの植物群落を示したものを**潜在自然植生図**という。

ヒットラーの遺産

ヒットラーといえば君たちも知っているだろう。いまからほんの三十年ほど前（現在から数えれば七十年前）までは、ドイツの独裁者として君臨していた人物だ。ユダヤ人大量虐殺の指導者として、また、世界じゅうを大戦争にまきこんだ張本人として、その悪名は鳴りひびいている。

だが、この化け物のような人物にもすぐれた業績が三つある。アウトバーン（ドイツの有名な自動車専用高速道路）、フォルクスワーゲン（性能のよい大衆車として名高い）、そして帝国中央植生図研究所の設立だ。

研究所は一九三八年、ハノーヴァーにつくられた。いかにも科学の国ドイツにふさわしい進んだ計画で、将来、自然をこわすことなく国土開発を推進するために、重要な案内役となる植生を専門に研究させようというものだった。所長のラインホルト・チュクセンは、当時ドイツでもっとも堅実な植物社会学者として、地味な研究をつづけていた人物だ。

不幸なことに研究所ができた一九三九年は、ドイツが第二次世界大戦を起こした年でもあったので、チュクセン教授とその共同研究者たちは、ドイツ全土の植生調査、植生図作成などにとりくんだ。チュクセンは、科学に国境はないと、フランス、オランダ、ポーランド、チェコスロヴァキアなど電撃作戦によって捕虜になった植物生態学、植物社会学の若い研究者たちをヒットラー政権の統合参謀本部にかけあって研究所に引きとり、共に研究を続けた。

しかし、彼らが作成した植生図は、戦争中ということもあって本来の目的にはつかわれず、戦車はどこを通すべきか、飛行機にたいして陣地をどうかくすべきか、またコムギの生産量はどのくらいで、どんな農業法でやってゆけるか、といった軍事目的につかわれることが多かった。それにもかかわらず、この科学の効能は世界各国の注目を集めないではいなかった。

自然の強さ弱さをじゅうぶんに心得て利用しているスイスの山間部

第二次大戦が終わり、ヒットラーは死んだ。だが、ヒットラーの残した遺産は皮肉にも各国にうけつがれて、今日なお破壊された大地の復興に一役買っている。

戦後、まずフランスがドゴール大統領の命令で、トゥルーズとモンペリエの二か所に植生図研究所をつくった。ついでベルギーも、ブリュッセルに中央植生研究所を設けた。

一九五〇年代になると、アメリカでもキュヒラー教授を中心とした学者たちが、アメリカ全土の潜在自然植生図を完成した。ソ連では最近、ソチョオヴァ教授をはじめとする科学アカデミーを動員して、ほとんどソ連全国土の植生図と、小縮尺だが全世界にわたる植生図をつくりあげた。世界はいまようやく、自然が人間にとってどんなにたいせつなものか、わかりかけてきている。

力で全世界を征服し支配しようとしたヒットラーの野望はもろくも消え去ったが、するどい着眼からうまれた植生図という明日の自然の保護と賢明な土地利用、開発のための武器が、全世界を征服しようとしている。チュクセン教授の研究所は、国立植生図研究所として、一九六六年から、当時の西ドイツ政府のあったボンのゴーデスベルクに自然保護、環境管理研究所としてより広く、植生の研究に自然、景観、環境保護、合理的な土地利用の目的で拡大発展している。またチュクセンは戦時中に交戦国の捕虜になった研究者を引きとって研究を続けたと、フランス、スペイン、チェコ、オランダなどの各大学から十二の名誉博士号を授与されている。

遅れている日本

世界各国の自然にたいする姿勢と比較すると、ざんねんながら当時の私たちの国の姿勢はたいへん遅れている。自然の破壊にたいする思慮のなさは、ただ驚くほかはない。弱い自然の代表ともいえる湿地帯尾瀬の近くに自動車道路を通そうなどという計画が、いまでもまかり通る

人間の善意による自然林の公園化も、植物社会の秩序を知らないとかえって自然を滅ぼす（伊勢志摩国立公園大王崎）

ありさまなのだ。

だから、「公害問題を解決するためには、自然を破壊するのをいますぐやめて、人間が生きてゆくために必要な緑の自然を確保することが先決だ」などと言うと、「緑の植物が公害とどんな関係があるんだ」と不思議そうな顔をする人が多い。

前にも話したとおり、地球の自然の生物社会（集団）は緑の植物がエネルギーと酸素を生産し、動物がそれを消費し、微生物が分解・還元することで成り立っているのだ。

ところが、私たちは消費するだけしておいて、緑の生産者をどんどん破壊し、おまけに自然が分解・還元できない物質を大量にはき出している。これではまるで、弱っている病人にはげしい運動をさせておいて、毒を飲ませるのと同じではないか。

病気の自然を回復させる最良の手段は、ただ一つしかない。体力を養うこと、つまり緑の植物をふやすこと、これである。つぎに自然のからだのしくみを知るために日本の植生図（現存植生図も潜在自然植生図も）を早急につくることである。このような地図にもとづいて計画的な国土保全・利用を進めれば、人間をふくめた生態系のすべての共存者——バッタもセミもカシの木も、みなが生きてゆける生活環境をつくり出すことができるだろう。そうすれば自然の許容範囲を越えるような、無謀な開発はしないですむ。

たとえば、このごろ市街地にマンションがいっぱい建てられている。しかも見晴らしがよいというので斜面を切りくずして建てたりする。これなどは、えてして自然を無視した無謀な開発におちいりやすい。なぜなら、斜面は自然のなかでもっとも弱い部分だからだ。と同時に、平らな地面にびっしりと家が建ちならんでいる都市では、斜面が貴重な、最後の緑をたもっている地区なのだ。

残念ながら、いままでのわが国の宅地開発、ニュータウン建設、あるいは山岳道路の建設などは、むりな開発が多い。私たちは、今後開発をはかるとき、自分のからだのことを知るように自然を知った上で始めなければならない。自然の能力は場所によっていろいろとちがう。人間による開発を許すところと、許さないところがはっきりあるのだ。ある日突然、洪水、地震、大津波、大火、山くずれなどで人間の大量死をまねくようなむりな開発を避けるため、これまでの自然観を根本からあらためようではないか。

弱い自然を残すのがあたらしい開発の手法である。同時に、積極的に新しいニュータウン、産業立地、交通施設の中やまわりに、市民のいのちと持続的な生活、地域と国土を守る土地本来のいのちの森を積極的に再生、創造することだ。いつの世にも必要な最低限の自然保護とは、自然が許す範囲内で、慎重に自然を利用し、必要な、より本物の緑の自然――土地本来の潜在自然植生にもとづく森を再生することだ。

自然の緑の着物――「マント群落」と「ソデ群落」

わが国では、最近、山岳道路をあちらこちらにつくるのが盛んだ。何度も紹介したように、富士山のスバルラインとか奈良県の吉野熊野国立公園内につくられた大台が原の有料道路、秋田と岩手の県境にまたがる八幡平にできた観光道路、草津から志賀にぬけるハイウェー、南アルプス山梨県側の野呂川《のろがわ》スーパー林道など、数えだしたらきりがない。

ところで、これらのあたらしくつくられた道路周辺で、高木が急激に枯れていく。

そこで、もう一度森林がどんなふうに構成されているか、ふりかえってみたい。つまり、昔から道のある場所とか、沼や池に森林が迫っている場所を観察してみよう。このように前が開けていてなにもはえていない場所（開放景観という）を注意してみると、大きな木々は、けっして直接に道や水べとくっついてはいない。

開放地と高木との間には、かならず低木やツル植物がはえているはずだ。この林の縁を帯状に取りまいている植物群落を**マント群落**と呼んでいる（マントとは外套のことだ）。さらによく見ると、マント群落のまわりにも、細い帯状に、ヤブジラミなどの草が生育していることがわかるだろう。この草本植物群は**ソデ群落**とよばれている。

ちょうど、私たち人間が裸で外にほうり出されるとカゼをひいてからだをこわすのと同じよ

植物社会のマントとソデ。上から、八幡平の湿原、箱根仙石原。富士山のハリモミ林

うに、このマント群落とソデ群落は立体的な植物群落──森──の着物の役割をはたしている。林床にたえず風や直射日光が当たると、林内が乾燥したり、陽生のササやススキ、またツル植物のクズなどが侵入して、森のシステムをこわす。だから、わたしたちが、森林のなかにいきなり山岳道路をつくるのは、マントやソデなしで高木林を裸でむき出すのと同じことをしていることになるのだ。

富士山の森林地帯を見ると、シラビソ、オオシラビソのような亜高山性の高木が密生していることがわかる。この密生している状態は、じつはきびしい立地条件だから木々たちはおたがいに、いがみ合いながらもびっしりとからだを寄せ合って共存しているのだ。そんな弱い部分に、ある日突然一本の道ができる。急に風通しがよくなって、光や風がどっとはいり込む。それまで生育してきた森や樹林の林床が乾き、林内環境がガラリと変わってしまう。自然のバランスがくずれたのだ。

自然のバランスがくずれたとき、いちばん最初に死滅してゆくのは、バランスのとれていたとき、その土地でもっとも競争力の強い、もっとも勢力を誇っていた生物だ。山岳道路ができたとき、なぜ大木が次からつぎへと枯死してゆくか、君たちにはもうはっきりしただろう。

生物社会には、このように空間的にも、ひとつのきびしい秩序、つまりおきてがあるわけだ。人間が、このおきてを無視した場合、どんなにお金をつかっても、自然を保護することはできない。

枯れかかった湘南海岸のクロマツ林（一九七〇年三月撮影）

開発への予備知識

君たちのなかには、神奈川県の江ノ島から茅が崎にかけての湘南海岸の砂地にクロマツが植林されているのを見た人もいるだろう。大半のマツは、勢いが衰えて生長がほとんど止まっている。赤茶けて枯れかかっているものも多い。戦後二五年間、毎年のように巨額の資金を投入して植林し、森の防潮壁づくりの努力がつづけられているのに、いまだに成功しているとはいえない。なぜだろう。残念ながら、植物社会とその環境との多様な相互関係についての生態学的研究と理解が不十分であった。いわば、自然を無視した試みだからだ、といえなかったか。

海べに松とは、むかしから日本でよく見かける風景だ。だが松がいくら砂地にはえているからといって、いきなりはえているわけではない。ちゃんと、生物社会の秩序に則した生き方をしているのだ。

たえず潮風にさらされ、砂が動くという、植物が生活するにはもっともきびしい条件の砂浜では、ほんのわずかな環境の変化でも、すぐ植物の生存に決定的にはたらく。

そのようなきびしい環境にまず生育するのは、コウボウムギの一群だ。コウボウムギは砂をかぶれば、二階、三階とどんどん上に生長して、生きた防砂堤として、波打ちぎわに近いところに帯状に生育する。こうしてまず水ぎわのソデ群落ができるわけだ。

海岸の砂浜の保護組織コウボウムギの群落

コウボウムギが砂を止めると、そのうしろにはハマヒルガオ、ハマエンドウなどのツル植物が生育して、砂の動きをいっそう安定させるとともに、有機物をつくってやせた砂地を土壌に変えようとする。すると、そのうしろにハマボウやテリハノイバラのような低木群落が発達し、さらに土壌を肥やしながらマント群落を形成する。

高木のクロマツやシイ、タブノキ、アラカシなどの常緑広葉樹が生育できるのは、この条件

湘南海岸の復元模式図

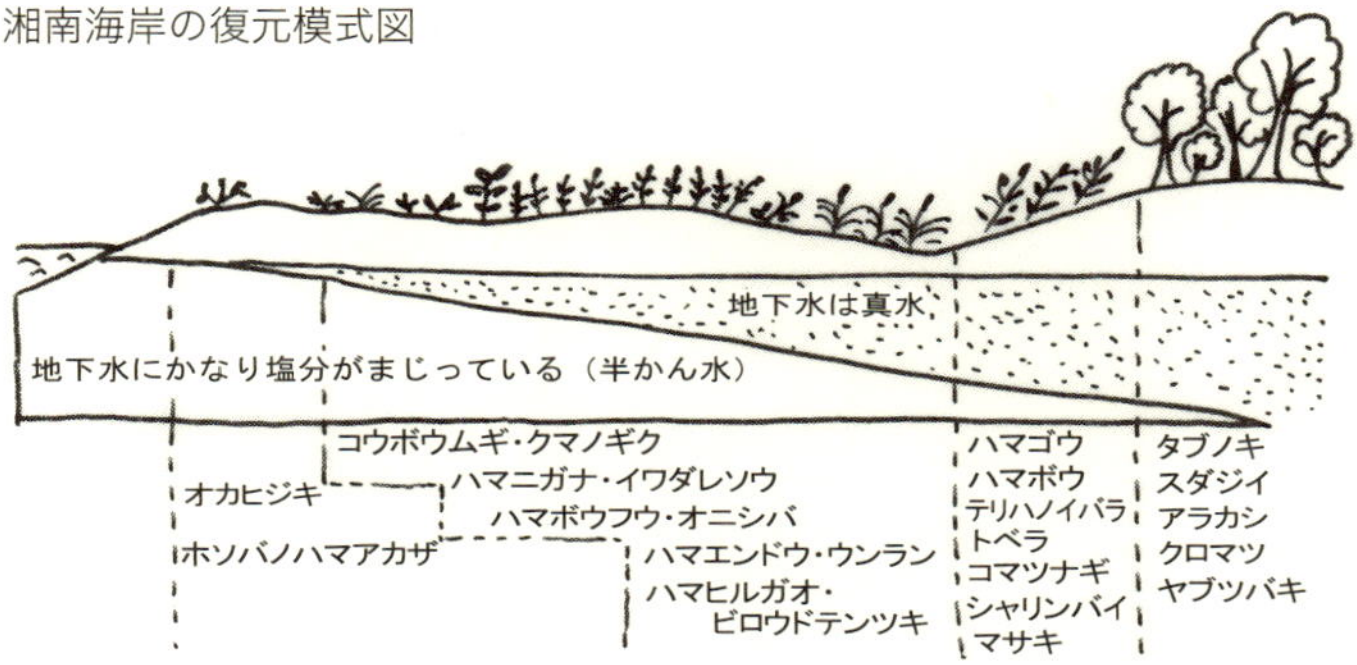

が成り立ってからなのだ。だから、コウボウムギやハマヒルガオやハマボウなどの林縁群落を無視して、クロマツなどをいきなり波打ちぎわ近くへ植えようとしても、植物社会のおいたちからして、無理である。

おなじことは森林に道を通す場合にも言えるだろう。

私たちは、もうこれ以上自然を破壊して、緑を追放することはできない。これ以上破壊をつづけたら、まず共存者を失った人類自身が生きてゆけないだろう。たとえ善意による開発でも、ひとたび破壊されたら復元困難なほど弱い自然は、ぜったいに残さなければならない。それでも、なお自然を開発してゆかなければならないとしたら、人間の干渉にたいする自然の強さ、弱さ、敏感さをじゅうぶん調べて着手しよう。そして、開発でできた自然の傷あとには、かならずマント群落やソデ群落を積極的に再生・復元することが必要である。

自然の破壊を最小限にくい止めるために、生きた緑の構築材料としてのマント群落とソデ群落を、いかにたくみに自然開発の中にとり入れてゆくか。これがあたらしい時代に対応した自然開発の方向を示している。人類がよりよく、より長く、心も体も健全で、より豊かに生きつづけるための試みとして、もっとも重要な前提である。どのような生物も、生物社会も、単独で存続することは困難である。いや、現実には不可能である。かならず共存者を残して、創ってやることが、いつまでも健全に生きのびるための前提である。

祖先の失敗に学ぶヨーロッパ

失敗は二度とくり返すまい

一九七〇年はヨーロッパ自然保護年として、二四か国の人びとが、生命集団の生存環境を守るための保護運動を推進した。

ヨーロッパでは現在、地中海地方の一部を除けば、じつにゆきとどいた自然管理をおこなっている。産業開発や自然開発と自然の保護とを、いかにたくみに調和させるか。自然が許す範囲内で、いかによりよい人間の生活環境をつくり出せるか。ヨーロッパの人びとは、日夜その問題にとりくんでいる。

彼らが自然保護にこんなにも真剣にとりくまなければならなかった歴史的背景については、

すでに触れた。

現在、ヨーロッパ大陸の各地で見られる郷土の、ふるさとの森は、プロイセン時代にあの有能な宰相ビスマルクの強い政治的な決断、実行力で森林保護政策が出されてから二百年かかって復元した、その努力の結果だといえるだろう。

このドイツ各地の森を見ていると、ヨーロッパの人たちが、おとな、子どもを問わず、緑の自然に深い関心をもち、本能的に自然と人間との共存をはかろうとしている気持がよくわかる。彼らはおなじ失敗を二度とくり返すまいとしているのだ。

牛の下痢を止める自然の薬

ヨーロッパ人がどんなに真剣に、人類が生きのびるための条件として、緑の自然との共存を考えているか。一例として、オランダの場合をとり上げてみよう。

世界でも人口密度の高いことで有名なオランダは、原自然はもちろん、生態学的に厳密な意味での原生林と呼ばれるような自然林も自然の植生もほとんど、いやまったく見られないほど自然開発がおこなわれた国だ。だが、この国はまた、国民の健全な生活を保障するために、自然保護に力をそそいでいることでも有名である。専門の自然保護研究機関として、オランダ王立自然保護研究所があるのは、その一つのあらわれだろう。

ドイツの田園をつらぬくアウトバーン。周辺には復元された短冊状の森がいたるところに見られる（ハンブルク〜ハノーヴァー間）

オランダには、日本の上高地や富士山のような景観地こそないが、自然保護地は、あの狭い国土に、国立、州立などあわせて五十か所以上もある。

なかでも自慢できるものに、牧畜の国オランダにふさわしく、百年前とおなじような状態をたもつように管理された半自然牧野があげられるだろう。化学肥料、化学除草剤、殺虫剤などをいっさい使わず、一年に二回草を刈ることで、窒素過多による牧草の片寄り、つまりある種の植物が優占し、他の植物が消えて種類相が単純になるのを防いでいる。

このような半自然生植生をそのままの状態で管理してゆくことは、原生林を保護するよりもずっとむずかしく、費用もかかるだけに、地味ではあるが、オランダが世界に誇ってよいことの一つに数えられるだろう。

この半自然牧野については、おもしろい実話がある。オランダでも、保護区以外の牧野では、化学肥料が大

オランダの自然保護地。砂丘背後のわずかな湿地でも、このような自然を残している

量にもちいられている。この科学の力を借りてそだてる牧草は蛋白質を豊富にふくんだ理想的な飼料のはずなのだが、これを毎日食べさせられる牛は、だんだん病気にたいする抵抗力が低くなるという。そして、いったん下痢をおこすと、抗生物質などの薬品をのませてもなかなかなおらないで、急激にやせ、乳も少ししか出さなくなる。

ところが、この牛に自然保護地の化学肥料や化学的除草剤などをいっさいつかわない乾草を与えると、いままでとまらなかった下痢が、ふしぎにピタリと止まるのだそうだ。

この理由はまだわからない。だが、生態系の一員としての牛と自然との、健全なあり方を暗示しているような気がしてならない（ニーメンゲン大学の高名なビクトール・ヴェストッフ教授の証言ほか）。

いっさいの化学肥料、化学薬剤を使用していない牧野（オランダ）

新しい国と古い国

アメリカの自然と人の歴史

アメリカ合衆国は、ヨーロッパとくらべると、最近までかなり自然に近い状態で残されてきた。もちろん、この大陸の先住民族であるアメリカ・インディアンたちが、数千年以上もの長いあいだにわたって、アメリカ東部の夏緑広葉樹林域にさまざまな影響をあたえてきたことは事実だろう。だが、人間活動が本格的に自然に影響をあたえはじめたのは、コロンブスがこの新大陸を発見した一四九二年から一世紀以上たった、一六二〇年以後のことだ。

一六二〇年、メイフラワー号に乗ってイギリス人がこの大陸に新天地を切り開いてから、ポルトガル、スペイン、イタリアなど各国から、ヨーロッパ人の新大陸移住

アメリカ西部の荒廃した山間部。むかしはゆたかな大森林だったが、いまは、数百キロのかなたから給水しなければ人も住めなくなった

者がふえはじめた。彼らはヨーロッパ農法をもち込み、開墾作業にはげんだため、アメリカ大陸の森林破壊と草原の焼き払いがさかんになった。本格的な自然破壊のはじまりだ。

それは一八〇〇年代にはいって急速にすすんでいった。ちょうど大型の農耕機具が発明された時代で、広大な平原は開墾に絶好の目標だったからである。平原も自然林も、ひろい範囲にわたって焼き払われた。

たとえば、一八七一年の一年間だけで、ミシガン川とウィスコンシン川の沿岸で焼き払われた森林の面積は、なんと一万二千平方キロメートルにおよんだといわれる。

焼き払われた原生林のあとが、すべて農耕地に利用されたわけではない。あまり人手が少なすぎて、そんなひろい地域に手がまわらなかったのだ。だから大部分の焼け跡は、そのまま放っておかれたり、一時的に農耕地に利用されても捨てられてしまった。そして、そのあとに残ったものは、

自然も人の心も荒廃したところと思われるニューヨークも、その裏側にはこのような緑が残され、この市の活力になっている

荒廃した荒野と草原だった。

かつてヨーロッパから移住してきた人びとは、アメリカ大陸は森林や野生動物やあらゆる天然資源の大宝庫だと錯覚していた。だが、さすがにひろい大陸も、一八世紀から一九世紀にかけておこなった無謀な開拓や野生動物の大殺害によって、原生林は以前の五分の一にせばめられ、野牛（バイソン）などは絶滅一歩手前まで追い込まれた。毛皮を利用するために乱獲をかさねたビーヴァーなどは、極端に数が少なくなってしまった。

これでは、ヨーロッパで彼らの祖先が引き起こした自然破壊の二の舞いではないか。一部の先覚者たちは、ようやくそこに気づきはじめた。

たとえばR・W・エマーソン（哲学者、一八〇三〜一八八二）は、重要な自然景観地域の保護や、自然界とのバランスをとりながらの開拓が重要だと説いてまわった。彼は、とくに人間と自然の共存、連帯関係の重要さを強調し、アメリカで自然保護思想を提唱した先駆者となった。エマーソンの主張はやがて実をむすび、一八七二年、合衆国は国土の代表的な緑の自然の保護の先例として、イエローストーンを世界最初の国立公園に指定した。

その後、この国では、人間のために自然資源を保全・利用する政策の伝統が、後継者たちにりっぱに受けつがれてきている。

T・H・ルーズベルト大統領(一九〇一～一九〇九)、フランクリン・ルーズベルト大統領(一九三三～一九四五)、ケネディ大統領(一九六一～一九六三)、みんな自然保護に力を入れてきた人たちだ。

その結果、現在のアメリカは数多くの国立公園や広域原生域を定め、保護しているほかに、科学的研究を対象とした研究自然域まで各地に設定されるまでになった。

最近では(一九七〇年)、ニクソン大統領の環境保全にたいする教書がある。これは、日本が現在のように環境問題に目ざめる直接のきっかけとなったものである。それによると、単に、山や湖や川などの自然域の緑を保護するばかりでなく、大都市周辺や、あたらしい産業用地付近でも、大気や水の汚染防止対策として、市民が健全に生活できるだけの緑の再生・復元に積極的に力を注ぐと言っている。

わが国とはくらべものにならない広大な面積と、まだまだ原始植生に近い自然地域がのこさ

左は著者、エジプトのピラミッド近くのアフリカの砂漠（一九六四年六月、二度目のドイツ渡航の途次）

れているアメリカ合衆国は、短期間に大規模な開発がおこなわれた点では日本に似ている。だが、アメリカでは、現在、開発のために切りはなされてしまった人間と自然の関係を、ふたたび正しい関係にもどそうとさまざまな対策がとられている。

五千年の歴史の中で

アフリカ——それは世界の三大熱帯（アフリカ、東南アジア、南アメリカ）のうちでも、もっとも早くから開発された地域だった。人類によるアフリカ開発の歴史は、じつに五千年前のエジプトにまでさかのぼる。そのむかし、硬葉樹林帯に開かれた文明の灯が、五千年のあいだにアフリカに残したものは、サハラ砂漠を二倍半にふやしたことだった。現在では、ピラミッドやスフィンクスなどの人類の遺跡を荒れはてた砂漠のなかに沈めている。

そして、いまでも中部アフリカでは開発という名のもとに自然破壊がおこなわれている。そのなかには、後進のアフリカ諸国を助けようとして、かえって自然の破壊を促進してしまっている例もある。

中部アフリカのギニア地方で、現地人の赤ちゃんが半分以上死んでいるということで、白人はたくさんの医者を派遣した。さいわい赤ちゃんの死亡は少なくなったが、人口がふえて、こんどは食糧不足に悩まされはじめた。

そこで次には、たくさんの家畜を送った。すると牧草が足りなくなった。そこでヨーロッパの牧草を育てるために、原生林を焼いて破壊した。そのことによって原生林はサバンナ化し、サバンナはさらに半砂漠、砂漠化していった。これは、善意の援助が一面的だったために、開発が自然破壊に一役かってしまった例である。

だが、アフリカの各国では、国立の自然動物園をつくって滅びゆく動物を保護したり、さまざまな自然保護地域をつくって、積極的に自然を守ろうとする動きもある。まだまだ局地的ではあるが、野生動物や野生鳥獣もふくめたすべての生物が生き延びるための試みが、やっと動きだしたのだ。明日のアフリカを明るいものにしてほしいものだ。

なお、赤道直下に近いアフリカのケニアでは、ノーベル賞受賞者のワンガリ・マータイさんと毎日新聞で対談したさいに、「木を植えるなどの環境の活動でノーベル賞を頂いたが、森は十分に育っていない。ぜひ協力してほしい」と依頼され、ナイロビ大学の分類学者の協力を得て、さっそく現地植生調査をおこない、二〇〇七年頃から日本の日置電機さんらの協力を得て毎年ナイロビやその北部のナクルなどで水源涵養林、災害防止林として、日本からのボランティアのみなさんの協力も得て、いのちと生活を守る森づくりを進めている。不幸にもマータイさんは二〇一一年に亡くなったが、生前彼女に「プロフェッサー・ミヤワキ、もし本気でやって下さるなら、日本からの観光客についでに植えてもらうだけでなく、森ができるまでぜひ続けて協力してほしい」と言われて約束し、昨二〇一四年三月にも日本からのボランティアのみなさんと共に出かけ、ナイロビ大学のみなさんに講義して、現地のみなさんと共に木を植え続けている。いのちの木を植えるにも、人、人、人である。ナイロビ大学との協同研究・植樹を今後も続けたい。ワンガリさんと約束したとおり、そのプロセスとノウハウをケニアから全アフリカ大陸に広がるよう希いながら。

伝統を忘れるな

アジアとヨーロッパの違い

自然と人間の関係を日本とアジアの場合で見ると、ヨーロッパ大陸のそれとは、きわめて対照的なことに気がつく。

哲学者の和辻哲郎（一八八九〜一九六〇）は、いまでは古典的名著となった『風土』という本のなかで、日本の自然とヨーロッパの自然を比較してモンスーンの国と牧場の国といっているが、自然も、そこに住む人間の干渉のしかたも、歴史的に異なっていた。農耕民族と牧畜民族という違いからだろうか、日本人はふるさとの森を、ヨーロッパ人のように、完全に破壊したことはなかった。

植物社会学的にみると、日本民族は定住生活をはじめた縄文時代後期から弥生時代以降、とくに稲作がはじまった頃から主な生活域の代表的植物の名をとってヤブツバキクラス域とよばれる常緑広葉樹林帯（ここはまた、地中海地方のおなじ常緑広葉樹林の硬葉樹林帯に対比して、照葉樹林帯ともよばれている）に定住する民族で、独特の文化と伝統をきずきながら、現代まで発展してきた。

いま、かつて世界で高い文明を誇っている国々をみると、おもしろいことに、いずれも日本とおなじ常緑広葉樹林帯にあることがわかる。この常緑広葉樹林帯共通の傾向は、年間を通じて極端な高低温度差や乾燥期がないことで、地球上の緯度で見てみると、ちょうど熱帯と冷温帯との中間に位置している。そこに生育する自然の植生は、北海道、東北山地などを除いて、高木から草本植物まで、一年じゅう緑の広葉でおおわれている。

このような場所に人類の文明が発達したのは、けっして偶然ではないだろう。気候が温暖で、

三浦半島のスダジイ自然林。むかしはこのような常緑広葉樹林が日本をおおっていた

食物を得るにも比較的容易だからである。

ただ、日本の文化が常緑広葉樹林帯に発達したとはいっても、君たちが北海道や本州山地の落葉広葉樹林域を除いて、現在この地域を歩いてみたら、きっとびっくりすることだろう。そこには、ほとんど常緑広葉樹林が残っていないからだ。これは長いあいだに人間活動が自然の森を焼いたり、伐採して農耕地をつくり、集落をつくったりして、土地本来の自然林を破壊したためである。

おなじことは中国の場合にもいえる。中国四千年の古い歴史の流れのなかで、中国大陸の長江以南の自然植生だった照葉樹林は、古い文明の代償としてか、長い間の人間の干渉によってほとんど全くと言ってよいほど平地から姿を消してしまった。

おなじ常緑広葉樹林帯に発達してきた世界の二大文明は、地中海を中心に発達したヨーロッパでも、中国大陸を中心に発達したアジアでも、おなじように自然の緑を破壊しつくしてしまったのだ。

ただ、牧畜民族だったヨーロッパ民族が、林内放牧と火入れによって徹底的に森林を破壊しつくしたのにくらべると、農耕民族だった中国や日本では、比較的最近まで、農耕地以外の地域に、かなり多くの残存自然林を残してきていた。

この緑にたいする姿勢の違いが、おなじ常緑広葉樹林帯に起こった文明でありながら、二つの文明のその後に大きな違いを呼んだのではないかと考えられる。つまり、アジアでは現在なお、文明の中心地が常緑広葉樹林帯につづいているのに対し、ヨーロッパでは地中海地方の常緑広葉樹林帯に起こったラテン系民族から、もっと北部の落葉（または夏緑ともいう）広葉樹林帯のゲルマン、スラヴ民族にその中心が移ってしまっている。

これからの日本の課題

とくにわが国では、自然の緑と調和、共存する姿勢が強く、その文化を独自なものとして、きわだたせてきた。

たとえば、昔の城下町や農村にみられる神社の森やお寺の森がある。これらの森は神聖な場所として、その地域に住むすべての人から信仰され、手あつく保護されてきた。だが、単に信仰の対象として意味があっただけではない。いまから見れば、じつはこの森こそ日本民族の健

町づくりは、まず緑づくりからはじめなければならない。アメリカ西部のニュータウンづくり

全な心とからだの保障になっていたことを見のがすことはできないだろう。

ただ、明治維新以来百数十年間の日本民族のあり方を見ると、ひじょうに気にかかることが一つある。それは、ヨーロッパやアメリカの物質文明をとり入れることに夢中で、伝統的な自然と共存してゆく心と姿勢がなくなってしまっているのではないか、ということだ。

二千年以上もの長い間、日本人を育て、発展させ、ともに生きてきた私たちのまわりの最後の土地本来の緑——常緑広葉樹林の森——が、数百年、とくに最近のわずか数十年のあいだに、急速に減ってきている。とくに大都市や新産業用地のなかでは、いまや最後に残された水べや斜面や尾根筋の残存林まで、根こそぎ絶滅されようとしている。

このままでいけば、まもなく私たちの生活域は、長い間、どんな自然災害にも耐えて生きのび、固有の文化を発展、維持する母胎であった土地本来の緑の自然からまったく切り離されてしまうだろう。そうなったら日本人のかけがえのないいのちと、国土をもおびやかしかねない、深刻で大きな問題だ。

ふるさとの森、緑ゆたかな田園の風景は、ただ私たち日本人の郷愁をさそうだけの場所ではない。どんな自然災害にも国土を守った防災林であった。また、じつは、時には日本民族を世界の脅威として受け取られるまでに発展させたエネルギーの潜在貯蔵庫でもあったのだ。

だから、これからも日本人がいままでのように経済的に活躍するエネルギーを持ちつづけてゆくためには、もう一度思いきって日本固有の生活、文化と、ふるさとの森と共生してきた生き方をふりかえる必要がある。

たとえば、緑をとりもどすにしても、ただ山や海べに復元するばかりではなく、多くの市民が集中的に集って生産、生活活動をしている大都市のなかにも、中小都市や新産業用地のなかや、まわりにも、交通施設ぞいにも積極的に最低限の、いのちと生活を守る土地本来の緑――森を、あらゆる防災環境保全の機能を果たす、いのちの森をとりもどすだけの英知と実行力はもちつづけてゆかなければならない。

幸いにも一九九〇年代の終わりから二〇一五年の現在まで、先見性、決断力、実行力をもった一部の企業、行政、各団体のみなさんや市民によって、潜在自然植生にもとづく、いのちと生活、国土を守る、エコロジカルな森づくりが進められている。このプロセスと成果を基礎に国家プロジェクト、国民運動として、阪神淡路大震災、東日本大震災などの危機をチャンスに、日本列島のすべての地域で、いのちと国土を守る森づくりを進めなければならない。

すでに中国大陸では、一九五五年から大規模な植林作業がすすめられているし、中央アジアのトルコ、イラクでもおなじような作業がすすめられている。そんな時、私たち日本人は祖先の英知を忘れて、あたらしい産業の発展や大規模な自然の開発に夢中になりすぎていたのではないか。刹那的な、利潤や生理的欲望を満足させるだけでは不十分である。

いまこそ、あらゆる産業の発展や自然の開発にもまして、なによりも、いのちを守る、人間をふくめた生命集団の生存環境をととのえることが先決である。それこそ、私たち日本人が今後健全に生きのび、ゆたかな文化、経済、生活を創造するためにしなければならない第一の課題だ。

6

人類の健全な発展をめざして

――自然の再生、環境創造を――

むかしの日本、いまの日本

「春、近くの村を通り過ぎると、たくさんの草には色美しい花が咲き乱れ、秋になると、あたりにある無数の木々が錦のようにあでやかに紅葉する」

まるで童話のなかに出てくるようなこんな世界は、最近の日本ではあまり見られない。それもそのはずだ。じつはこの文章は、千二百年以上もむかしの日本のある場所を描写したものだ。

君たちは、いったいここをどこだと思う？

ヒントを出そう。これは、『常陸国《ひたちのくに》風土記《ふどき》』という古い書物に書かれているもので、それをかいつまんで現代の言葉に置きかえてみたものだ。もうすこし読んでみれば、きっとわかるだろう。

「そこはまるで、人間の住むところではない神仙境（仙人の住む場所）のようなところで、あまり美しすぎてくわしく説明できないほどだ」

と言い、さらに、こう続いている。

「東の方には高松の浜というところがあって、松の林が自然のままにおいしげり、そこにシイやクヌギがまじって山野を形づくっている。また南の方には、若松の浦というところまで松の山がつづいていて、そこでは剣をつくるための良質の砂鉄がとれるけれど、神域にあたるのでかんたんに松の木を切りたおして鉄を掘り出すことはできない」

自然消失を象徴する鹿島臨海工業地帯の建設現場（共同P提供）

文中、高松の浜とあるのは、現在の茨城県鹿島町の東部にある海岸地。若松の浦とあるのは、鹿島半島の南端にある利根川の河口のあたり、神域というのは鹿島神宮の神域という意味だ。こう説明すれば、君たちにはもうわかっただろう。これこそ、産業コンビナートとして現在大規模な開発をおこなっている、有名な鹿島臨海工業地帯の千二百年前の姿なのである。

鹿島臨海工業地帯は、はじめ現代の英知を結集してつくり上げるという触れ込みだった。ところが、いまになって見ると、たしかに最新の技術を結集した工業団地が造成されている。しかしそれは残念ながら掛け声だけに終わってしまったようだ。せっかく生きた緑のフィルターとして注目をあつめたグリーンベルト構想も、あたらしい防災・環境保全林というには程遠いものになってしまっている。工場周辺に設けるはずだった農業団地は、いつのまにか飲食店や旅館、アパートなどに化けてしまっているのだ。

一九七一年八月、首都圏環境調査団が西ドイツのもっとも古い大工業地帯のルール地方を訪れたときのことだ。同行した環境庁のある役人が、

「どうして農地と工場をいっしょに置くのですか？」ときく。日本のこれまでの開発法からすると割り切れない、不思議だという質問だ。

案内役の西ドイツ国立植生学研究所副所長のロマヤ博士がこたえた。

「農地も工場周辺では緑地です。農民こそが、もっとも長つづきする、まちがいの少ない緑の管理者なのです」

調査団の一行は、この言葉になるほどとうなずき、わが国の産業開発の欠陥にいまさらながら気づくありさまだった。

こんな場面を目にすると、千二百年の年月のあいだに、いったい人間はどれだけ進歩したのだろうか、と考えこまされてしまう。

だって、そうではないか。神を恐れ、ほしい砂鉄もとらずにがまんして緑を守った千二百年前の人たちと、目先きの欲にとらわれて緑の大地を植物の育たない建物の群れにしてしまう現代人と、どちらが賢明なのか、答えはおのずから明らかだろう。

こんな言い方をすると、君たちのなかには、〝工業団地〟〝灰色の煙〟〝スモッグ〟〝公害〟な

ど連想して、すぐに「千二百年前の日本は美しかった。現代はだめだ」などと考える人がいるかもしれない。

だが、結論をいそいではいけない。ここでは冷静に昔と今との違いを見つめ、将来、私たちがどんな世界をつくりあげていったらよいかを、じっくりと考えてほしいのだ。一見めちゃめちゃに見える開発にも、それなりの理由がある。そういうこともよく知ったうえで、ものごとを判断しなくてはならない。

戦後日本の開発の歴史

君たち、両親や先生から聞いて知っているだろう。私たちの日本は第二次世界大戦で、産業や住宅や交通などの施設を大部分失ってしまった。この狭い国土は、文字どおり焼け野原となってしまったのだ。一九四五年のことである。

そのころは、あした食べる食料にもこと欠き、住む家もなく、ただ生きてゆくだけでたいへんな時代だった。

そんな日本が立ち直るためには、まずなによりも工場をつくり、家を建て、交通網を整備しなければならない。「開発だ」それが日本人の合い言葉になった。人びとは道をつくり、その上を走る自動車をつくり、高いビルを建てた。日本は世界じゅうの人びとがびっくりするほどの速さで国土を再建し、あたらしい産業を発展させてきた。

開発の成果は上がった。一九六〇年ごろからは産業が発展し、経済活動がさかんになり、日本は世界的な工業国として先進国の仲間入りができるほどになった。だが、ちょうどそのころ、少数の人たちが、便利で機能的な文明生活がたのしめるほどりっぱになった大都市や工場地帯から、自然の緑が急速に姿を消してゆくことに気づきはじめた。

緑だけではない。気がついてみると、私たちのまわりからは、トンボやホタル、セミや小鳥などがいなくなっていた。彼らは、まだこれらの事実がどんな意味をもっているかわからなかったが、漠然とした恐怖をおぼえはじめた。〝自然保護〟などという活字が新聞や雑誌に見うけられるようになったのも、このころのことである。

一九六七年九月一日、四日市のぜんそく患者九人が、石油コンビナートを相手に、病気になった責任をとれと裁判所に訴えた。初の大気汚染公害訴訟である。

人びとは、やっと異常な開発の結果に気づきはじめた。自分たちの住む町がよごされている。家の周囲の空気や水は、以前とようすが違う。緑の木々があった場所は、いつのまにか高いビルや、どす黒い煤煙を昼夜の別なくはき出す工場に変わってしまった。

庭に小鳥がやってこなくなったのも、トンボやセミの姿を見かけないのも、みんなこのせいではないのか。私たちの住んでいるところは、生命あるものたちが生きつづけてゆくのには適さない環境になってしまったのではないだろうか。人びとはそう考えはじめたのである。

自然破壊の尺度

そのとおりだ。この自然環境の激変は、おそろしい意味をもっている。君たちにはわかるはずだ。自然界のバランスをくずすことの恐ろしい意味が。

ここで、もう一度、まえに話したことを復習してみよう。

この地球上のあらゆる生物は、植物も動物も、みんな生態学的にそれぞれの役割をわかちもちながら生きている。緑の植物は生産部門を、人間をはじめとする動物たちは消費部門を、そして微生物群が分解・還元部門を、それぞれ受けもって、たがいに生命活動をつづけているのだ。

現在、わたしたち人間がおこなっている多くのことは、この生命活動のいのちの循環システムの環を断ち切ろうとしているのと同じことだ。一時的なものなのに、より便利な文明生活をめざして、それぞれの地域の生態系（エコシステム）の枠を大きく超えるほど自然を過開発し、産業を発達させて亜硫酸ガスや一酸化炭素で空気をよごし、有機水銀やカドミウムなどをまき散らして、土や水をよごす。おまけに、そのような有害物質を浄化し新鮮な酸素を供給してくれる土地本来の立体的な緑——森——を毎日毎日、生活の場から追い出しているのだ。これが

植物社会の〝下剋上〟

自殺行為でなくて、なんであろうか。

私たち人間もふくめて、およそ生命をもつものはすべて、自分や自分が属する種族・集団が生理的に最高条件といえる生活ができるよう環境を改善しつづけてゆく。そして、たとえ一時的であっても環境を変えすぎた場合、自然のバランスがくずれて、一様に崩壊の道をたどってゆく。

この過程を、私は三期に分けて考えている。

第一期は、競争力が強いものは環境の変化に敏感で適応力が弱いという生物社会の冷厳な秩序どおり、それまでもっとも勢力のさかんであったものが急速に破滅する。したがって、いままでその下に抑えられたり、周辺におし出されていたものが取って代わる時期。歴史でいう〝下剋上の時代〟だ。植物界でいえば、いちばんいばっていた高木がおとろえ、そのまわりや低木層でがまんしていたツル植物などが林内一面をおおい、栄えるときだ。いわゆるヤブ状になる。

第二期は、その〝下のもの〟も滅び、よそもの、つまり外人部隊が侵入してくる時代だ。植物でいえば、地球上の死の砂漠を放浪している帰化植物がこの外人部隊にあたる。第三期になると、もう外人部隊さえも生き残ってはいけない時期だ。植物でいえば、帰化植物も滅び、死の砂漠だけが残る。こうなれば、すべての生命活動は停止する。

さて、この物差しで私たちの住む日本列島をながめてみると、あまりの恐ろしさに寒気がしてくるほどだ。

私が仲間の研究者たちといっしょに調査したのは、北の札幌から南は北九州まで全国十六か所。そのうち八幡平と富士山、乗鞍岳《のりくら》の三か所をのぞけば、帰化植物の占める割合（帰化率）はなんと八〇パーセント以上という惨状だった。つまり、生命を物差しにして自然崩壊の程度を測ってみると、第二期症状の末期にあたるわけである。

予想を上まわる荒廃ぶり

ここで、帰化植物と帰化率について触れておきたい。

帰化植物というのは、裸地に接して一時的に大繁茂する、国籍の定まらない世界の放浪植物のことだ。いま日本で見られる代表的なものには、セイヨウタンポポ、セイタカアワダチソウ、ブタクサ、ハキダメギク、アメリカセンダングサ、ハルジョオン、ヒメジョオン、オオアレチノギクなどである。

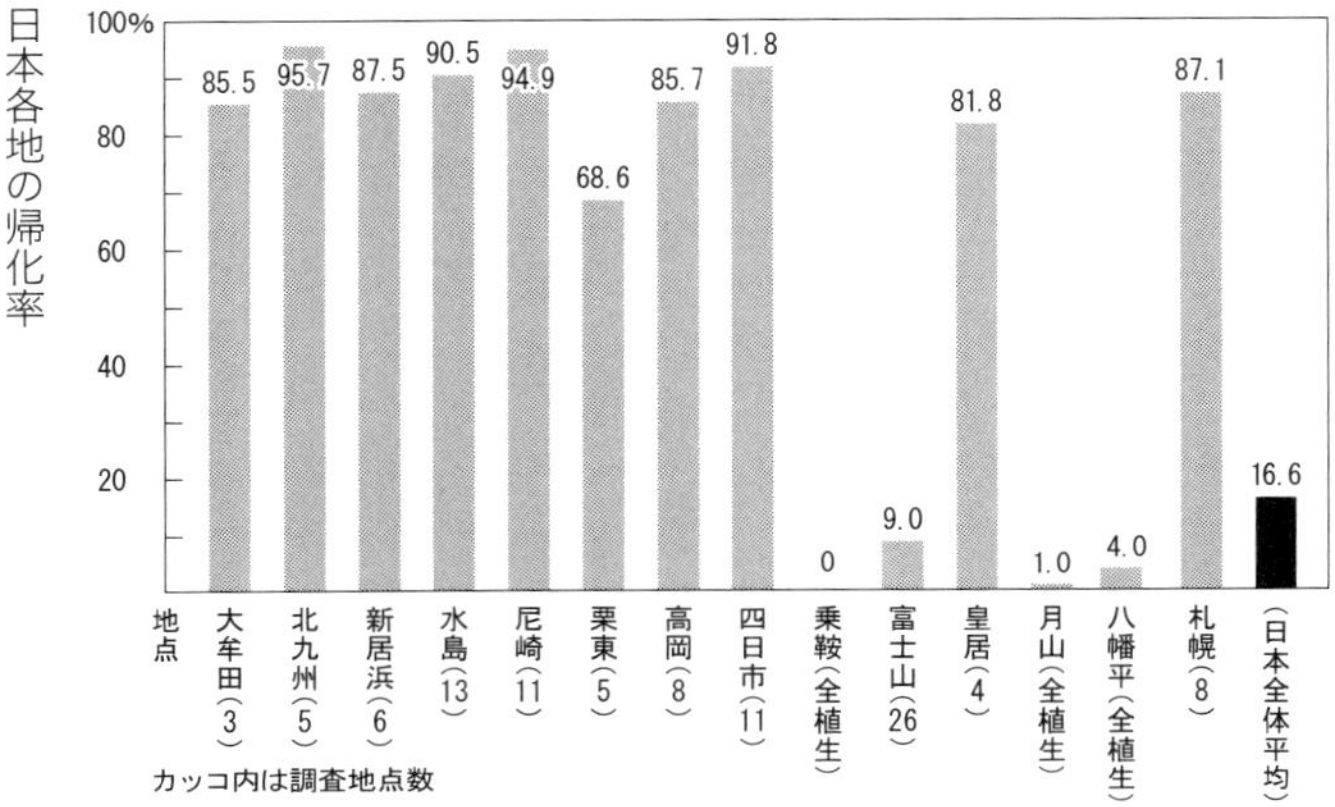

これらの帰化植物は、それぞれの土地固有の自然の環境条件と生物社会のバランスが適度にたもたれ、郷土固有の、土地本来の植物や植物群落がしっかり根をおろしているときは、まったくつけ入り侵入し繁茂することはできない。ところが、洪水とか山火事などの自然災害や、人間によるさまざまな干渉によって自然環境が破壊されて郷土種の植物の勢いが弱まると、そのすきに乗じてすかさず侵入し、国産種を追い出して大繁茂してしまうのだ。

だから、逆に見れば、ある一定の土地に帰化植物が占める割合が高ければ高いほど、その土地の生きている緑、植物や植物群落を指標とした自然環境が破壊されていることがわかる。この割合が帰化率というものである。

この帰化率はどうして計算するか、説明しておこう。まず調べようとする地域の植物相・フロラを調査し、つぎのようにして算出する。

$$\frac{\text{帰化植物の種数}}{\text{出現した植物の全種数}}\times 100=\text{帰化率（\%）}$$

君たちが住んでいる地域の環境がどの程度破壊されているか、この植物の帰化率によって調べてみたまえ。おもしろいと言っては語弊があるかもしれないが、一つだけ注釈をつけておこう。自然の森と考えられているところでも、現在君たちが住んでいる近くでは、かならずと言ってもよいほど人間の手が加えられており、帰化率ゼロの地域は少ないはずだ。それどころか帰化率は、ときどき私たちでもびっくりするような結果を教えてくれる。そのよい例が皇居だ。

帰化植物（セイタカアワダチソウ）

いまから五百年以上も前に、太田道灌《どうかん》が江戸城をきずいて以来、皇居は世界的公害都市、東京のまんなかにある唯一の自然だと考えられていた。ところがどうだろう。汚染の波はこの聖域のなかにも押し寄せていたのである。

たしかに皇居内には都市のどこでも見られない自然が残されていた。スダジイ、タブノキ、モチノキなど郷土種の常緑広葉樹の姿があった。しかし、その常緑樹の林床にはセイヨウタンポポ、ヒメジョオン、スズメノカタビラ、イヌタデといった帰化植物が侵入しはじめていて、私たちが調査をゆるされた範囲内の建物の周辺では、なんと帰化率八一・八パーセントという高い数値を示していた。

私たちが想像していた以上に、まわりの大都市化の影響で、皇居内の植物を指標とした環境破壊は進んでいたのである。

まして、これが工業地帯ともなれば、まことにみじめなもので、砂漠のような状態である。北九州市の八幡地区では帰化率九五・七パーセント。とくに、二島駅付近での調査では、わずかに残っている雑草の帰化率はなんと百パーセントだった。

兵庫県の尼崎市では緑らしい緑はまったくないといってよい状態。大高洲町の工場地で調べた一一五種の植物中、百種までが帰化植物というありさまだ。むかしは緑ゆたかだったこの町は、もう〝死の砂漠〟寸前という現状にあった。

君たちは、戦後の日本の開発の歴史を見て、ある時期に君たちのおとうさんや、おかあさんがおこなった開発の必要だったことは、認めるだろう。だが、その開発が局地的には予想以上に日本の国土を破壊し、人間自身の持続的な生存をおびやかすようになっている現状を目撃しては、その開発のやり方が一面的でどこかまちがっていたと認めないわけにはいかないだろう。

自然のむだづかい

このまちがいの原因はどこにあるのだろうか。私はそのもっとも大きな原因は、〝自然はタダなのだ〟という考えのなかにあると思う。

戦後、日本人はただ、廃墟の中からやみくもに経済の繁栄をねがって開発をつづけてきた。当時は止むを得なかっただろうが。

木材が必要なときには山から無計画に木を切りたおし、あとに木を植えておけばいくらでも育つ。工場でいらなくなった廃液は川に流せば、あとからいくらでも水が流れてきてきれいにしてくれる。

つまり、自然はタダなのだから、それを人間のつごうのよいように使い捨てればよい。そういう考えでやってきた。ところが、自然は無限でもないし、タダでもない。じつは日本人は、もっとも高い買い物をさせられたわけだ。

一度破壊された自然を元どおりにするためには、破壊するのにつかった費用の数十倍、数百倍、いや数千倍の費用を出しても足りないのだ。とくに森林や湿原のような植物・動物・微生物群など、〝生きた構築材料〟で成り立っている自然の多様なバランスは、ひとたび破壊されてしまうと、どれほど費用と技術を集中させても、たいへん長い時間をかけなければ復元、再生できないのである。

だからといって、私たち人間が限られた地域、風土、地球上で心も体も健全に生きつづけてゆくために必要な自然の人間生存基盤は、どんなに費用がかかろうと回復してゆかなければならない。君たちがこれから生きてゆくむずかしさと課題は、この一点にあるといっても言いすぎではないだろう。

（上）人間が破壊した自然は、いくらお金をかけても容易には復元しない　（下）しかし人手が加わっていない自然では、復元のしかたがひじょうに早い

開発のよい例、わるい例

では、具体的にいままでと違った開発のしかたとして、どんな方法があるだろう。かんたん

に言ってしまえば、たとえば十分な生態学的現地調査をして、それぞれの地点で現在および本来の自然の緑――植生――のあるべき姿と、具体的な配分を示す植生図をつくるなど生命集団を物差しにして、自然や人間の生存環境を総合的に診断する。そして人間の干渉に対する自然の敏感度、つまり復元、再生しやすいかどうかを調べて、強い自然、弱い自然を見分ける。弱い自然は保護し、それぞれの土地の植生の維持、再生がゆるす範囲内で遠慮しながら、無理の少ない開発をしてゆくのである。

これまで行なわれてきたわが国の地域開発、国土開発では、多くは、まるで工場で非生物材料や死んだ材料を使って品物をつくり出すのと同じような方法がとられてきた。山野を掘りくずし、鉄やセメントをつかって補強する。まったく画一的に行なってきた。自然や環境保全の立場からみると、完全に失敗している例がいたるところに見られる。

たとえば、四国の石槌山スカイライン、吉野熊野国立公園内の大台が原有料道路などは、その失敗例だ。大台が原は奈良県と三重県の県境にある自然植生の宝庫だ。そこにあるブナの自然林は学術上からも、自然景観の上からも、国土保全の面からもかけがえのない貴重な自然である。そこにドライヴウェーをつけようという計画に、もちろん私たち生態学者は反対した。しかし、いまから十年以上まえになるが、一九六一年七月に完成した当時は、植物生態学者の発言などに耳をかす人はひとりもなかった。むしろ、ブルドーザーを振りまわすことがあたらしい開発の手段だと盲信されていた。そして、直接経費が安くつくよう、山肌をけずっては道をつけ、けずり取った土は谷底に全部落とすという、無謀なやり方がおこなわれていた。すくなくとも、路線を決定するため、また緑を再生、復元する基礎として、せめて植生調査をおこない、弱い自然は避けてその地域の自然がゆるす範囲内で無理なく道路をつけなければならなかったのだ。皮肉なことに、三億八千万円かけて開発したこの道路は、すこし大雨が降ったり台風におそわれると、すぐにくずれてしまう。

しかも、この有料道路沿いの景観をなんとか生きた緑で修復しようとすると、なんと一五億円もかかる。はじめに植生調査をおこない、植生図にしたがって道路づくりをしていれば、おそらくこのような自然破壊は防げたはずだ。調査の費用に、百万円かかったとしてもよいではないか。その百万円を惜しんだために、一五億円も損をしたことになる。

しかし、これは単に金銭の問題ではない。無秩序な、自然をじゅうぶん理解しない国土開発によって、せっかくの国立公園の景観が無惨にも破壊されてゆくのである。

植物は動物のように移動できない。それだけに、植物は生育している場所の環境や立地条件を総合的に示してくれる。現代の物理・化学では予測できないほど多様な生存環境の情況をトータルで示す、またとないバロメーターになる。植生図、植生調査、植生の側からの立地診断、エコロジカルな緑の再生があたらしい開発にとってなぜ重要かといえば、それが示す植物群落

沖縄西表島の自然破壊。島を縦断する道路建設

の生育状態によって、開発に耐える比較的強い自然と、保護しなければならない弱い自然とが、一目で見分けられるからだ。

この植生図をもとに開発の処方箋を書けば、くずれやすい——人間の干渉に弱いところに道をつけたりして、おろかな失敗をすることも少ない。

神奈川県藤沢市の〝西部ニュータウン〟開発計画は、その点、実施計画にさきだって地質調査や植生調査がおこなわれた。

ここでは、「自然と文化を守る開発」「都市と農業の調和ある共存」をモットーに、あたらしい町づくりにはげんでいる。農地と住宅区域を隣り合わせて配置したこと、ニュータウンの一割を公園墓地に割り当てていること、弱い自然の代表である大庭城跡の斜面を自然のままで残したことなど、自然と人間との共存を考えた試みは、生態学的にみても高く評価できる。だが、なによりも、この計画で注目される点は、開発に先立って植生調査、植生図をつくることからはじめた点だろう。この植生調査、植生図をつくるために、私たちが協力した。これからの問題は、この〝緑の診断図〟がじっさいの開発計画や実施にどのように利用されてゆくかである。

生態学者が医師にあたるとすれば、国土開発や都市計画の実施者は薬をしらべ調合する薬剤師だ。まとめられた診断図や緑の処方箋を読みとるだけの力を、開発や保全にあたるすべての計画者、実施者が身につけてほしいものである。

まえにもお話ししたとおり、植生図には二種類ある。現存植生図と潜在自然植生図だ。この二つがここでどのような働きをするかは、君たちにはかんたんに想像できると思う。

現存植生図を見れば、いま生育している樹木や植生がすぐわかる。植物は自然の物差しだから、その集まりの植生によって自然の強弱はすぐ判定できるだろう。開発すべき自然と、してはいけない自然がはっきりとわかるのだ。また、潜在植生図は防災環境保全林形成などの、緑地帯の造成などに威力を発揮する。その土地にどんな植物を植えたら、もっとも安定した緑の自然がよみがえるか、わかるからである。

おくればせながら、この藤沢市の例のように、日本でも野放しの開発から、自然を生かした開発への動きが芽ばえてきた。その動きを育て、さらに一歩進める役は君たちでなければならない。

西ドイツのみごとな開発法

自然にたいする対策では先進国にあたる、ヨーロッパの場合はどうだろう。私はその典型として、ライン褐炭地方をとりあげてみたい。

ライン褐炭地方は、ドイツの古い都市の一つ、ケルンの西二十キロのところにある。長さ六十キロ、面積はじつに二千五百平方キロという世界最大の露天掘りによる褐炭産出地だ。この地方の工業開発と環境復元、再生には、私たち日本人にとって、たいへん参考になるものがある。

一口に褐炭の露天掘りといっても、地下数百メートルにわたって掘りおこすのだから、地形の変化はすさまじい。そこで生活していた農家、村落、農耕地、森林などは大きな影響を受けずにはいない。もし、復元の方法をまちがえたら、草もはえない荒れ地となってしまうだろう。だから、この開発については国や州政府は褐炭採掘を許可するときに、きびしい条件をつけた。まず、生態学、とくに植生学、景観管理、農村、都市計画の専門家にあつまってもらった。あらかじめ、自然環境の復元、再生、農耕地、牧野、ニュータウン建設などの総合計画をつくってもらうためにだ。

つぎに、この計画にもとづいて、よりよい自然の復元、再生と、自然を破壊しない新しい生活環境づくりを目ざして、褐炭採掘企業を指導した。

企業にとってはむずかしい条件だ。いままでの日本の企業なら、「そんなことをしていたら、もうけがなくなってしまう」と、おこり出すところだろう。ところが、ドイツではこの条件をプラスに利用した。企業は一日当たりわずかにふたりで十万立方メートルもの褐炭を掘り出せる、高能率の掘削機を発明したのである。

あたらしい地区を掘りおこすとき、まず、そこの表面をおおっている土（表層土）を取りのける。この土は、数百年以上もの長い年月をかけ、主として植物がつくった有機物と、岩石が風化し分解してできた土壌母材料（無機物）が適当にまぜ合わさったものである。そこはまた、地球上で生命がもっとも集中し、生活しているところでもある。一握りの表層土のなかには、数百の土壌小動物と数十万の微生物が共存しているのだ。だから土こそは、微生物群を主としたいのちのかたまり、地球上のあらゆる生命が発展してゆく母胎であり、緑の植物を育てるもっともたいせつないのちをはぐくむ土台だ。そのため、褐炭を掘り出したあとの残土を、土中の通気性が維持されるように、まわりの有機物やガレキなどを混ぜて、ほっこらと整え、表層土を元にもどしてやるのだ。ドイツ語で表土は「母の土（Mutter Boden）」と呼ばれている。

ついで、それぞれの場所やその土に適した植物を潜在自然植生図に照らし合わせて植えてやる。この地方でいえば、少し掘った低地ではブナ、ミズナラ、シデ、ハンノキ、ヤナギなどと

自然保護にきびしい条件をつけられたためうみ出された高能力褐炭掘削機（ドイツ、ライン地方）

いった郷土固有の樹木を植えるのだ。こうして、むりなく土地本来の、ふるさとの森が復元・再生できる。

農家を移転させる場合は、もっと慎重だ。じゅうぶんに作物を育ててゆけるよう、ゆたかな表層土をもどし、しかもじゅうぶんに整理された開発前より広い耕地を、農家の人が住める家までそえて与えるのだ。

ニュータウンのまわりには、自然保護地として森や湖をつくり、弱い自然の水べには、その土地の郷土の植物であるヨシ、ガマ、ハンノキなどを植えて生きた緑の景観、いわゆるビオトープをつくり出す。

このような計画で復元・再生された自然は、五年もたつと他国の人間では、むかしながらの自然と見分けがつかないほどになる。

これが、ほんとうの人間の英知にもとづいた開発というものではないだろうか。

おなじような自然の復元、再生、いや新しい環境創造

褐炭を掘ったあとは、すぐさま自然の復元、再生にとりかかる

は、ハンブルク市などでもおこなわれている。この市の自然保護局では、現在、東京など日本の大都会で問題になっているゴミの山を、郷土の森につくりかえる努力をおこなっているのだ。都市公園やグリーンベルトなどあたらしい防災環境保全林をつくる場合、まず工場が疎開した跡地などまだ緑化されていない地域にひろく穴を掘る。ただし、地下水まで達しない程度にだが。そして、そこに有毒物を除いた工場廃棄物を三十センチ、家庭から出る汚物を二十センチ、土を十センチと、交互に積みかさねてゆく。そして高さ三十メートルぐらいの小山ができたら、元あった表層土を二十〜三十センチ積み返して、郷土種の樹木で森をつくってゆく。

十年前のゴミの山は、もう市民の緑のいこいの場となり、自然保護地として車をいっさい入れないほど厳重に管理されているのである。

ゴミの山をみごとに利用したハンブルク市の自然復元例。一五年後には、りっぱなヨーロッパシラカンバ林になっている

とりかえしのつかない自然破壊

地球はすべての生命がよって立つ基盤である。だから、このように注意ぶかく開発してゆけば地球は人間にとって、まだまだ金の卵を生むニワトリである。ところが愚かな人間は、そのニワトリの腹をさいて、いっぺんに黄金をとり出そうとする。切り開いてみれば、そこには金の一かけらもない。そればかりか、だいじに育てれば一日一個の金の卵が手にはいるはずなのに、元も子もなくしてしまうのである。

童話のなかの話ではなく、私たち日本人がやっている無計画な開発では現実の話なのだ。

一九七〇年に神戸市がまとめた六甲山の開発にともなう破壊の現状報告によれば、過去八年半のあいだに、〝七十万人分の酸素供給源〟である緑の大地が失われたとある。

海に面した神戸市の背後を形づくっている六甲山の

地質は、花崗岩を主体としたくずれやすい砂礫からなっている。このための雨水は地中に浸透しにくく、腐植にとんだ土壌が形成しにくい。あらい土質は酸性で、ふつうの土壌にくらべると、カルシウムや窒素の含有量も十分の一以下。もともと植物の育ちにくい土地なのである。そこに自然が長い年月をかけてアカマツ、コナラといった植物を育ててきた。一度、破壊してしまえば二度と植物は育たない。このようにばかげた開発（開発などと言えない）は絶対に許してはならない。

現に、神戸市の鶴甲山をけずってつくった鶴甲団地では、いくら樹木を植えても育たないという。あたりまえである。土は、植物の生命を維持するのに欠くことのできないものだ。その土をごっそりけずりとって大地をむき出しにしては、それは死の砂漠と変わりないではないか。やっと六甲山をまもろうとする調査が神戸市観光課を中心にしてはじめられようとしている。あたらしい自然保護の芽をのばしてもらいたいものだ。

数千年前、緑が大地をおおっていた地中海地方は、人間がなんの考えもなく森林を破壊したため、雨によって地表面の土砂が流され、現在でも植物の育たない、赤い地肌の露出した荒野となっている。

イタリアやスペイン、ギリシアの政府は、このハゲ山を緑にしてくれれば、いくらでも費用を惜しまないと言っているが、こうなってからでは遅いのだ。目先の利益にとらわれて将来のことを見あやまる愚かしさは、このくらいでやめなければならない。ここで私たちが目ざめなければ、破壊されるのは自然ばかりではない。そこに住む人間がやられてしまう。

何度も言うようだが、公害などの環境破壊は法律や、亜硫酸ガスの規制などだけではなくなりはしない。失われた土地本来の緑を回復し、失われようとしている緑をただちに保護するほうが急務なのだ。私たち人間の共存者であり、生物共同体の唯一の生産者として、もっとも主要部分を占める緑——森の重要性をはっきり認識しなければならない。

植物は、動物にとって欠くことのできないエネルギーと酸素を供給し、よごれた大気や水を浄化するフィルターの役目をはたしている、たいせつなものだ。さらに重要なはたらきは、必ず襲う自然災害に対して国民のいのちを守るもっとも確実な防災機能を果たす。植物なくして人間も含めた動物は生きてゆけない。その植物、日本の国土の九五%以上を占めている生きている緑の濃縮している多層群落の土地本来の森が、日一日と姿を消してゆく。そしてトンボもバッタもいなくなった。おなじく生命をもった人間だけが、すべての生物——共存者が死に絶えた都市砂漠のなかで、いつまでも生きのびられるものだろうか。共存者がいなくなれば、明日は人間が死ぬ番だということを、どうしてだれも気づかないのだろう。

なるほど最近の工場地帯や産業コンビナートの建設を見ていると、日本にもやっとグリーンベルトの構想が出はじめてはいる。

姫路市白浜のグリーンベルト。せっかくの努力も自然の成り立ちを知らないため、多くは枯死して失敗した（写真の中央は筆者。撮影・神戸新聞社）

大阪府堺市にある産業道路沿いのグリーンベルト、東京湾に面した千葉県の産業道路ぞいのグリーンベルト、姫路市白浜につくられた工場と住宅地のあいだのグリーンベルトなどはその例だ。しかし、その中身は古い都市公園にみられる造園法となんら変わりない。芝生のあいだに成木が二、三本、支柱に支えられているようなグリーンベルトは、現代のような悪環境のもとではたいした役にもたたない。大気浄化、災害防止、人間の生存環境の生きた保証などといった、さまざまな働きを緑に期待しなければならない今日では、もうこの程度の、芝生を主としたグリーンベルトは要求されないだろう。芝生の中にまばらに成木を菰《こも》を巻いて三本の支柱でささえた「まばら植樹」は、枯木保障は一年以内、成木の移植は保障なしで、シバ刈り、補植などに維持費ばかりがかかって、多様な機能をはたせないからだ。

　これからは、あらゆる階層の人びとの英知をあつめ、現地植生調査結果や、植生図を武器にして、郷土の樹木を使いきって、多層群落で多彩な防災環境保全機能、緑の景観を創出するピラミッド状の防災林、海岸沿いでは「緑の防波・防潮堤」をきずかなければならない。それも、明日とはいわず、今すぐにである。市民のための郷土の森づくりこそ、現在の日本でやり抜かなければならない最大の目標である。

私たちはこれまで、自然は無限の宝庫であり、浄化装置であると錯覚し、ムダ使いしすぎてきた。これからは、なにを犠牲にしても人間の生命を保証する自然を、国民の豊かな生活と、限られたかけがえのない国土を守るいのちの森を、高いお金をはらってでも買いもどさなければならない時期である。

〈付録〉植生図をつくろう

緑を復元・再生するために植生図がどんなに大きな役割をはたすか、わかってもらえたと思う。そこで、私は君たちにひとつ提案したい。みんなでじっさいに植生図をつくってみようではないか。

こんなことを言うと、君たちのなかには、そんなむずかしいことができるものか、とても手に負えないと、そっぽを向いてしまう人がいるかもしれない。たしかに、専門的な厳密な植生図（とくに、潜在自然植生図）をつくろうとしたら、むずかしいかもしれない。だが、自分たちが住んでいる地域のおおよその現存植生図をつくるのは、そんなにむずかしいことではない。実験、調査というものは、やってみれば頭で考えるより、ずっとやさしく、楽しい。

それに、なによりも、自分の目で日本の国土の緑の現状をたしかめてほしい。そうすれば、私がこれまで多くの言葉を費やして君たちに訴え、いっしょに考えてきた以上のことが理解できると思うからだ。

前置きはこれくらいにして、まず自然のなかに飛び出そう。

はじめに地図を用意する。比較的広い地域について調査したかったら一万分の一の白地図、君たちの家の周辺をくわしく調べたかったら二千五百分の一か三千分の一の白地図を用意すればよいだろう。これらの地図は、いずれも地図屋で市販されている。また町や村の役場か市役所、区役所の企画調整または土木課、教育委員会にお願いしてもよい。

さらに本格的にやりたければ、二千五百分の一の国土基本図があるが、これは市販されていない。手に入れたかったら、日本測量協会に直接申し込まなければならない。(関東支部は東京都文京区小石川一―三―四　測量会館。電話　03-5684-3499)

さて、地図の用意ができた。つぎは観察だ。君たちの身近な場所にどんな緑が、どれくらいあるか(あるいはないか)、それを地図の上に記録していく。

かんたんな現存植生図をつくるには、現在見られる森、草原、湿原、雑草地など、もっとも目立つ群落の形や優占種を描く方法をとればよい。

はじめに植物の生育している状態を観察し、地図上に描いてゆく。たとえば、どこそこの地域は高木があつまっている。ここは芝生だ。あそこは雑草がおおっている。

つぎにこうした観察を一歩すすめて、植物図鑑などをたよりに、いちばん優占している高木の種類はなにか、雑草の種類はどんなものかを調べる。そして、それらを色鉛筆などによって分類し、地図を塗り分けてゆく。

学問的にいえば、この分類がむずかしいが、君たちが実際につくる場合には、およそ次のような分類で塗り分けてみてはどうだろう。たとえば関東地方では、

Ⅰ　自然植生

1　スダジイを主とした常緑広葉樹林

2　シラカシを主とした常緑広葉樹林

3　モミ林（現在、都市ではほとんど消失している。亜硫酸ガスなどを含んだ大気汚染にもっとも敏感）

4　ハンノキ林

5　水生・湿生草原

Ⅱ　代償植生

1　クヌギ・コナラ林（落葉樹林）

2　アカマツ植林

3　クロマツ植林

4　スギ・ヒノキ植林

5　竹林（マダケやモウソウチクの林）

6　果樹園（ナシやミカン畑）
7　低木林（ヌルデ、ニワトコなど）
8　ススキ・アズマネザサ草原
9　畑地雑草群落
10　水田雑草群落
11　水田放棄地雑草群落
12　シバ草原（ゴルフ場などの）
13　道ばたや路上の雑草群落

＊人間が自然にさまざまな干渉をおこなったため、その土地本来の自然植生が破壊され、人間による一定の影響（たとえば採草、除草、踏み圧、植林など）とつり合って存続している、置き換え群落のこと。

さて、こうして描けた地図を学校へもちよって、友だちと見せ合ったらどうだろう。そして、できれば都会の学校の人は、いなかの学校の人たちと交換し合ってもおもしろいと思う。自分たちの住む環境がどんなものか、きっと君たちは頭のなかで想像していた以上の状態にびっくりするだろう。

さらに、クラブ活動などで本格的に植生図の作成に取り組みたい人がいたら、基礎的な植生調査の方法を書いた本や植物採集の本などをもちよって研究してみるとよい。

植生調査の参考書としては、次のようなものがある。

宮脇昭『植物と人間』（日本放送出版協会）

『原色現代科学大事典3　植物』（学習研究社）

宮脇昭編『日本の植生』（新版・再版、学研教育出版）

君たちが植生図――緑の診断図――をつくる。なんと、すてきなことだろう。私たちの国が、公害対策で一歩他の国に及ばない原因のひとつは、全国の植生図をもたないためだと私は思っている。東西両ドイツも、スイス、チェコスロバキアも、アメリカもソ連も、国をあげて植生図づくりにはげんだ。日本でも局地的につくられてはいるが、とても全国にわたるところまではいっていない。

地味だが意義のあるこの仕事を、おとなになった君たちのうちのだれかがきっと完成してくれるだろう。そして今、学校で植生図をつくっている君たちが社会を担う日が来たら、君たちは政治家になろうと実業家になろうと技術者になろうと、きっと植生図を読みとる力をもった人間となり、緑の自然にたいする正しい理解者、自然を賢明に利用し保全する人間になっているはずだ。そして、健全な人間生活を保証するために活躍してくれるだろう。

幸いにも、日本全国の現存植生図は三木武夫環境庁長官時代に、「緑の戸籍簿」として全国の都道府県に委託して五年がかりで縮尺五万分の一でできている。また潜在自然植生図は、宮脇昭編著『日本植生誌』全十巻（一九八〇〜八九年、至文堂）があり、現存植生図とともに十二色着色カラー、五十万分の一縮尺でできている。

すべての市民のいのちと生活を守る、土地本来の木々による、どんな自然災害にも耐えて生きのびることのできる。防火環境保全林をつくる。

そうすれば、大都市や産業コンビナートをはじめとする、この荒廃した国土が緑でおおわれ、あたらしい環境が創造される日が、きっとやってくるにちがいない。

日本人の、そして人類の健全な発展を目ざして、私たちひとりひとりがそれぞれの立場で、自然や他の生物との共存思想を基礎に、今から最大限の努力をしよう。人類の明日を保証するものは、私たちの英知と努力にかかっている。

終わりにあたって

「この本を最後まで読んでくれてありがとう」私がこんなことを言うと、君たちはきっとへんな顔をするだろう。でも私は心から君たちにお礼を言いたい。なぜかといえば、君たちがこの本を読んだことで、私と君たちとは心の通いあう仲間になれたと信じるからだ。そしてなによりも、君たちは君たちの立場で、よりよい人間社会を建設するためにはどうしたらよいか真剣に考えてくれると思うからだ。

私はこの本の中で、公害、環境破壊の問題について君たちといっしょに考えてきた。そしてその問題が自然と人間との関係を抜きにしては考えられないので、その歴史について、また、自然のしくみについて、そこに生きる人間について話してきた。その内容は必ずしもおもしろくなかったかもしれない。だが、それでも私はそうしないではいられなかった。私たちの敬愛するすべての日本人と、日本の国土の自然はもう一刻も猶予できないほど深刻な状態におちいっており、それを救うチャンスは今をおいてないと思ったからだ。

現在私たちの住んでいるすばらしい日本の国土は、世界一の公害国といわれるほど、生存環境が悪化してきている。それというのも、私たちの国があのおろかな戦争によって一度は廃墟になってしまったことと関係あるかもしれない。あのみじめな廃墟から立ち直るためには、なにはともあれ、産業をおこすことが第一で、多少の自然破壊や公害はしかたがないという考え方が、いつしか政治家をはじめ一般市民の心にもしのび込んでいたからだ。

だが、いまは違う。文化的で、便利で、経済的にもゆたかな生活をもとめて自然を開発し、産業を急速に発展させてきたため、生き物としての人間が生きるためのたいせつな基盤である自然をうばわれようとしているのだ。

それなのに、私たち人間は、人間が生きてゆくためにどうしても必要な自然環境（汚されていない、ゆたかな大気、水、大地）や、人間がどうしても共存してゆかなければならない生物共同体の共存者たち（緑の植物、その集合体の森、無数の動物、カビやバクテリアなどの微生物群）を無造作に破壊し、殺しつくしていることには、ほとんど反省の目を向けようとしない。

美しい日本の国土は、世界でもっとも自然災害の多い国である。

必ず日本の国土の各地で起こる自然災害、台風、洪水、地震、津波、山崩れ、斜面崩壊、大火などに対して、すべての人たちのいのちと生活と、四十億年前にはじめて生まれたいのちの細い糸、ＤＮＡを未来につなげる一里塚として、百年たらず生かされている私の、あなたの、あなたの家族、全日本人が、地球上のすべての人たち――。

こんなことでよいのだろうか。

いまこそ、みんなが知恵のかぎりをしぼって、国土の自然を救わなければならない時だと確信する。それがひいては、何があっても日本民族の今と未来を救う道につながるからだ。健全な国土なしに健全な国民はありえない。それには君たちの若い情熱と、限りない力を秘めた若い頭脳と行動力が必要だ。

それぞれの国民がまず自分の国土の自然保護、緑ゆたかな環境保全、失われたところでは積極的な再生、創造に努力したとき、宇宙船「地球号」の乗組員たちはこれからも健全に生きのびてゆけることだろう。

私は最後に、ギリシアの哲学者プラトン（紀元前四二七～三四七年）の言葉を君たちに贈って、この本を終わりたい。プラトンがいまから二千三百年も前に、人類にむかって呼びかけた言葉は、二十世紀そして二十一世紀の現代に生きる君たちにもピッタリあてはまるだろう。

「諸君が苦しんでいる社会的および政治的邪悪の大部分は、それを改造する意志と勇気とさえあれば、諸君の意のままになるものである。諸君が、もし進んで考え出して工作するならば、いまとは違ったもっと賢明なしかたで生活することができる。諸君は、諸君自身の力に気づかないのだ。」

今こそ、新しい科学、とくに生態学的な自然観、知見をもとに、人類生存の母胎としての緑――いのちの森――を足もとから、明日に向かって、共に学び、創って戴きたい。君のため、君の愛する御家族のため、日本人のため、七十億人を超えた世界のすべての人のために、本気で取り組む皆さんとともにいのちある限り、私は続けます。

追記

なお、本書は、藤原書店の藤原良雄社長はじめ、内田純一先生、山本稚野子さん他の強い御要望とあたたかいご支援により、改めて筑摩書房版の原著（一九七二年刊行、サンケイ児童出版文化賞）を何回も読みなおし、かなり大幅に加筆作成したものである。その過程に昼夜をわかたず協力いただいた編集部の山﨑優子さん、みなさんに改めて謝意を表します。

（二〇一四年十二月二十一日　宮脇昭）

著者紹介

宮脇 昭（みやわき・あきら）

1928年岡山生。広島文理科大学生物学科卒。理学博士。ドイツ国立植生図研究所研究員、横浜国立大学教授、国際生態学会会長等を経て、現在、横浜国立大学名誉教授、公益財団法人地球環境戦略研究機関国際生態学センター長。

紫綬褒章、勲二等瑞宝章、第15回ブループラネット賞（地球環境国際賞）、1990年度朝日賞、日経地球環境技術大賞、ゴールデンブルーメ賞（ドイツ）、チュクセン賞（ドイツ）等を受賞。

著書『日本植生誌』全10巻（至文堂）『植物と人間――生物社会のバランス』（NHKブックス、毎日出版文化賞）『緑環境と植生学――鎮守の森を地球の森に』（NTT出版）『明日を植える――地球にいのちの森を』（毎日新聞社）『鎮守の森』『木を植えよ！』（新潮社）『次世代への伝言　自然の本質と人間の生き方を語る』（地湧社）『瓦礫を活かす「森の防波堤」が命を守る』（学研新書）『「森の長城」が日本を救う！』（河出書房新社）『森の力』（講談社現代新書）など多数。

人類最後《じんるいさいご》の日《ひ》――生《い》き延《の》びるために、自然《しぜん》の再生《さいせい》を

2015年 2月28日　初版第1刷発行©

著　者　宮　脇　　昭
発行者　藤　原　良　雄
発行所　株式会社 藤　原　書　店

〒162-0041　東京都新宿区早稲田鶴巻町523
電　話　03（5272）0301
FAX　03（5272）0450
振　替　00160 - 4 - 17013
info@fujiwara-shoten.co.jp

印刷・製本　中央精版印刷

落丁本・乱丁本はお取替えいたします
定価はカバーに表示してあります

Printed in Japan
ISBN978-4-86578-007-9

〝放射線障害〟の諸相に迫る

誕生前の死
〈小児ガンを追う女たちの目〉

綿貫礼子＋「チェルノブイリ被害調査・救援」女性ネットワーク編

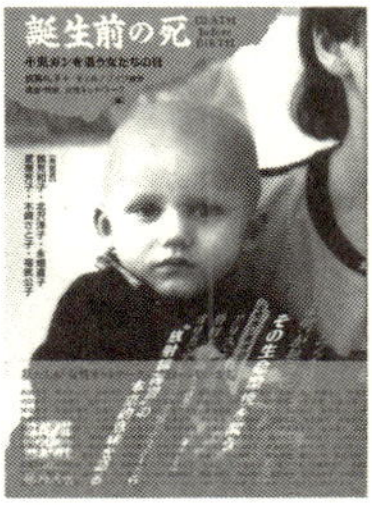

我々をとりまく生命環境に今なにが起っているか？ 次世代の生を脅かす〝放射線障害〟に女性の目で肉迫。その到達点の一つ、女性ネットワークの主催するシンポジウムを中心に、内外第一級の自然科学者が豊富な図表を駆使して説く生命環境論の最先端。

Ａ５並製　三〇四頁　二三三〇円（一九九二年七月刊）

品切◇978-4-938661-53-3

今、現場で何が起きているか

徹底検証 21世紀の全技術

現代技術史研究会編
責任編集＝井野博満・佐伯康治

住居・食・水・家電・クルマ・医療など〝生活圏の技術〟、材料・エネルギー・輸送・コンピュータ・大量生産システム・軍事など〝産業社会の技術〟といった〝全技術〟をトータルに展開。

第９回パピルス賞受賞

Ａ５並製　四四八頁　三八〇〇円（二〇一〇年一〇月刊）◇978-4-89434-763-2

「循環型社会」は本当に可能か

「循環型社会」を問う
〈生命・技術・経済〉

エントロピー学会編
責任編集＝井野博満・藤田祐幸

「生命系を重視する熱学的思考」を軸に、環境問題を根本から問い直す。

柴谷篤弘／室田武／勝木渥／白鳥紀一／井野博満／藤田祐幸／松崎早苗／関根友彦／河宮信郎／丸山真人／中村尚司／多辺田政弘

菊変並製　二八〇頁　二二〇〇円（二〇〇一年四月刊）

在庫僅少◇978-4-89434-229-3

エントロピー学会二十年の成果

循環型社会を創る
〈技術・経済・政策の展望〉

エントロピー学会編
責任編集＝白鳥紀一・丸山真人

〝エントロピー〟と〝物質循環〟を基軸に社会再編を構想。

染野憲治／辻芳徳／熊本一規／川島和義／筆宝康之／上野潔／菅野芳秀／桑垣豊／秋葉哲／須藤正親／井野博満／松崎早苗／中村秀次／原田幸明／松本有一／森野栄一／篠原孝／丸山真人

菊変並製　二八八頁　二四〇〇円（二〇〇三年二月刊）◇978-4-89434-324-5

第二の『沈黙の春』

がんと環境

（患者として、科学者として、女性として）

S・スタイングラーバー
松崎早苗訳

自らもがんを患う女性科学者による、現代の寓話。故郷イリノイの自然を詩的に謳いつつ、がん登録などの膨大な統計・資料を活用、化学物質による環境汚染と発がんの関係の衝撃的真実を示す。　［推薦］近藤誠

四六上製　四六四頁　三六〇〇円
（二〇〇〇年一〇月刊）◇978-4-89434-202-6

LIVING DOWNSTREAM
Sandra STEINGRABER

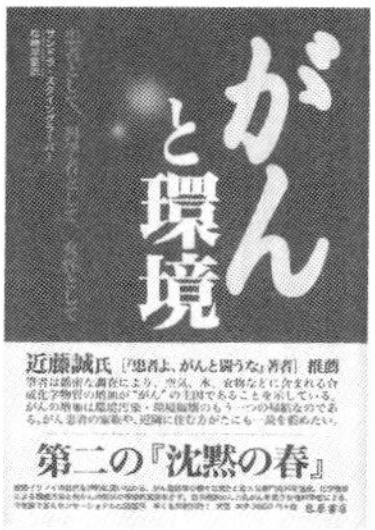

各家庭・各診療所必携

胎児の危機

（化学物質汚染から救うために）

T・シェトラー、G・ソロモン、M・バレンティ、A・ハドル
松崎早苗・中山健夫監訳　平野由紀子訳

数万種類に及ぶ化学物質から身を守るため、最新の研究知識を分かりやすく解説した、絶好の教科書。「診療所でも家庭の書棚でも繰り返し使われるハンドブック」と、コルボーン女史（『奪われし未来』著者）が絶賛した書。

Ａ５上製　四八〇頁　五八〇〇円
（二〇〇二年二月刊）◇978-4-89434-274-3

GENERATIONS AT RISK
Ted SCHETTLER, Gina SOLOMON, Maria VALENTI, and Annette HUDDLE

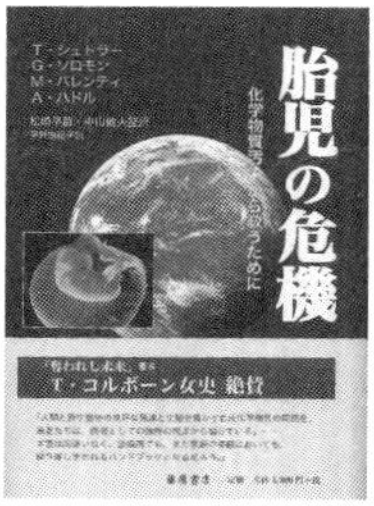

世界の環境ホルモン論争を徹底検証

ホルモン・カオス

（「環境エンドクリン仮説」の科学的・社会的起源）

S・クリムスキー
松崎早苗・斉藤陽子訳

『沈黙の春』『奪われし未来』をめぐる科学論争の本質を分析、環境ホルモン問題が科学界、政界をまきこみ「カオス」化する過程を検証。環境エンドクリン仮説という「環境毒」の新しい捉え方のもつ重要性を鋭く指摘。

四六上製　四三二頁　二九〇〇円
（二〇〇一年九月刊）◇978-4-89434-249-1

HORMONAL CHAOS
Sheldon KRIMSKY

電磁波汚染が全生活を包囲している

携帯電話亡国論

（携帯電話基地局の電磁波「健康」汚染）

古庄弘枝

国民一人に一台以上、爆発的に普及する「ケータイ」「スマホ」。その基地局はマンションの上、幼稚園や小中学校の近くにも増えつづける。町じゅう、駅なか、家庭の「無線ＬＡＮ」アクセスポイント、モバイル基地局……「圏外」のない生活は便利か？　四六時中電磁波に曝され、健康が冒されている。

四六並製　二四〇頁　二〇〇〇円
（二〇一三年四月刊）◇978-4-89434-910-0

次世代の「いのち」のゆくえに警告

大地は死んだ
（ヒロシマ・ナガサキからチェルノブイリまで）

綿貫礼子

生命と環境をめぐる最前線テーマ「誕生前の死」を初めて提起する問題作。チェルノブイリから五年、子ども達に、そして未だ生まれぬ世代に何が起こっているのか？　遺伝学の最新成果を踏まえ、脱原発、開発と環境、生命倫理のあるべき方向を呈示する。

Ａ５並製　二七二頁　**二一三六円**
（一九九一年七月刊）
在庫僅少◇978-4-938661-30-4

湖の生理

新版　宍道湖物語
（水と人とのふれあいの歴史）

保母武彦監修
川上誠一著

国家による開発プロジェクトを初めて凍結させた「宍道湖問題」の全貌を示し、宍道湖と共に生きる人々の葛藤とジレンマを描く壮大な「水の物語」。「開発か保全か」を考えるうえでの何よりの教科書と評された名著の最新版。

小泉八雲市民文化賞受賞

Ａ５並製　二四八頁　**二八〇〇円**
（一九九二年七月／一九九七年六月刊）
在庫僅少◇978-4-89434-072-5

東京に野鳥が帰ってきた

鳥よ、人よ、甦れ
（東京港野鳥公園の誕生、そして現在）

加藤幸子

都市の中に「ほんものの自然」を取り戻そうと、芥川賞作家が大奔走。都会のまん中に野鳥たちが群れつどう「東京のオアシス」が実現された経緯を活き活きと描く。

四六並製　三一二頁　**二二〇〇円**
（二〇〇四年五月刊）
◇978-4-89434-388-7

日本全国の水問題を総覧

柳川堀割から水を考える
（水循環の回復と地域の活性化）

広松伝編

「水はいのち」という発想で、瀕死の荒廃状態にあった水郷柳川を見事に蘇らせた柳川市職員広松伝が、全国各地で水環境の保全と回復に取り組む実践家を集めた、第五回水郷水都全国会議の全記録。市民と行政の連帯による地方自治を考える必読書。

Ａ５並製　二七二頁　**一九四二円**
（一九九〇年八月刊）
品切◇978-4-938661-08-3

ゴルフ場問題の〝古典〟

新装版
ゴルフ場亡国論
山田國廣編

リゾート法を背景にした、ゴルフ場の造成ラッシュに警鐘をならす、「ゴルフ場問題」火付けの書。現地で反対運動に携わる人々のレポートを中心に構成したベストセラー。自然・地域財政・汚職……といった「総合的環境破壊としてのゴルフ場問題」を詳説。

カラー口絵
A５並製　二七六頁　**二〇〇〇円**
（一九九〇年三月／二〇〇三年三月刊）
◇ 978-4-89434-331-3

現代日本の縮図＝ゴルフ場問題

ゴルフ場廃残記
松井覺進

九〇年代に六百以上開業したゴルフ場が、二〇〇二年度は百件の破綻、負債総額も過去最高の二兆円を突破した。外資ファンドの買い漁りが激化する一方、荒廃した跡地への産廃不法投棄も続いている。環境破壊だけでなく人間破壊をもたらしているゴルフ場問題の異常な現状を徹底追及する迫真のドキュメント。

口絵四頁
四六並製　二九六頁　**二四〇〇円**
（二〇〇三年三月刊）
◇ 978-4-89434-326-9

水再生の道を具体的に呈示

改訂二版
下水道革命
（河川荒廃からの脱出）
石井勲・山田國廣

家庭排水が飲める程に浄化される画期的な合併浄化槽「石井式水循環システム」の仕組みと、その背景にある「水の思想」を呈示。新聞・雑誌・ＴＶで、〝画期的な書〟と紹介された本書は、今、瀕死の状態にある日本の水環境を救う具体的な指針を提供する。

A５並製　二四〇頁　**二三三〇円**
（一九九〇年三月／一九九五年一一月刊）
品切◇ 978-4-89434-028-2

現代の親鸞が説く生命観

穢《え》土《ど》とこころ
（環境破壊の地獄から浄土へ）
青木敬介

長年にわたり瀬戸内・播磨灘の環境破壊と闘ってきた僧侶が、龍樹の「縁起」、世親の「唯識」等の仏教哲理から、環境問題の根本原因として「こころの穢れ」を抉りだす画期的視点を提言。足尾鉱毒事件以来の環境破壊をのりこえる道をやさしく説き示す。

四六上製　二八〇頁　**二八〇〇円**
（一九九七年一二月刊）
◇ 978-4-89434-087-9